李继莲　主编

TUSHUO MIFENG YANGZHI GUANJIAN JISHU

图说蜜蜂养殖关键技术

化学工业出版社

·北京·

本书详细介绍了蜜蜂养殖中的关键技术。内容包括：蜜源的调查、蜂场场址的选择、蜂箱排列以及选购蜂群和蜂群检查等养蜂的基本操作，春、夏、秋、冬一年四季蜂群的管理办法及注意事项，中华蜜蜂的活框饲养技术，花期和产浆期的蜂群管理及相关蜂产品的采收技术，以及蜂群饲养过程中出现的一些主要病虫害及其有效防治方法。

本书通俗易懂，图文并茂，实用性较强，可供养蜂人员、养蜂科技工作者及农业院校相关专业师生，特别是养蜂爱好者阅读参考。

图书在版编目（CIP）数据

图说蜜蜂养殖关键技术/李继莲主编. —北京：化学工业出版社，2016.3（2024.5重印）

ISBN 978-7-122-26185-4

Ⅰ.①图… Ⅱ.①李… Ⅲ.①蜜蜂饲养-饲养管理-图解 Ⅳ.①S894-64

中国版本图书馆CIP数据核字（2016）第019181号

责任编辑：刘　军　　　　文字编辑：谢蓉蓉

责任校对：王　静　　　　装帧设计：溢思视觉设计工作室

出版发行：化学工业出版社

（北京市东城区青年湖南街13号　邮政编码100011）

印　　装：北京瑞禾彩色印刷有限公司

880mm×1230mm　1/32　印张5　字数158千字

2024年5月北京第1版第12次印刷

购书咨询：010-64518888

售后服务：010-64518899

网　　址：http://www.cip.com.cn

凡购买本书，如有缺损质量问题，本社销售中心负责调换。

定　　价：22.80元

本书编写人员名单

主　　编　李继莲

编写人员（按姓名汉语拼音排序）

郭　军　　李继莲　　刘　珊

前言

蜜蜂是重要的经济昆虫，不仅可以为农作物授粉，提高农作物的产量和改善农产品的品质，而且可以生产蜂蜜、蜂王浆、蜂毒、蜂胶、蜂花粉、蜂蜡等蜂产品作为人类的食品及营养保健品。

养蜂技术是授粉应用和生产蜂产品的基础，蜂群的饲养水平直接关系到授粉的效果和蜂产品的产量。

本书在总结几位高级养蜂技术员十多年养蜂经验的基础上，结合国外养蜂员的一些技术经验，以图为主，图文并茂的形式对蜂群饲养的整个过程及需要注意的事项进行了系统整理与介绍。本书适合养蜂人员、养蜂科技工作者及农业院校相关专业师生阅读参考，特别是对养蜂爱好者提供技术指导。

感谢重庆市畜牧科学院王瑞生、伍勤、程尚提供的部分图片。感谢重庆市南川区蜂农唐洪在拍摄图片时提供的热情帮助及提供的大量养蜂图片。另外，李明星同志提供了部分蜂场图片，在文中没有一一标出，这里一并表示衷心的感谢。

由于时间仓促，加之编者水平有限，书中难免出现疏漏与不足之处，恳请读者批评指正。

编　者

2016年元月

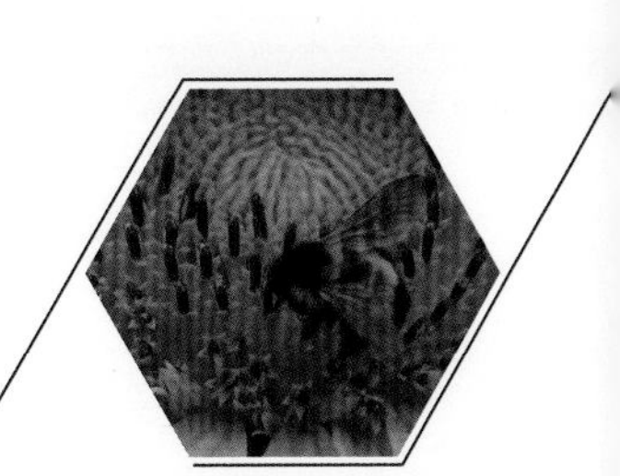

目 录

养蜂的基本操作

第一节　我国蜜蜂的种类

我国目前饲养的蜜蜂种类主要有西方蜜蜂和东方蜜蜂，其中西方蜜蜂主要包含意大利蜜蜂、卡尼鄂拉蜂、东北黑蜂、新疆黑蜂等；东方蜜蜂主要是中华蜜蜂，是我国土生土长的蜜蜂种类；另外，野生的蜜蜂主要有大蜜蜂、黑大蜜蜂、小蜜蜂、黑小蜜蜂等。

1. 中华蜜蜂

中华蜜蜂（图1-1），又称中华蜂、中蜂、土蜂，是东方蜜蜂的一个亚种，在中国，中华蜜蜂从东南沿海到青藏高原的30个省、自治区、直辖市均有分布，我国饲养量约200多万群。中蜂善于利用零星蜜源，能节约饲料，适应性强，抗寒耐热，环境恶劣时能节制产卵量，适宜定地饲养，尤其是山区和丘陵等地区。

（a）北方中蜂蜂王

（b）北方中蜂雄蜂

（c）北方中蜂Ⅰ蜂

图1-1　中华蜜蜂三型蜂

（摘自《中国畜禽遗传资源志－蜜蜂志》）

2. 西方蜜蜂

西方蜜蜂(图1-2)，原产于欧洲和非洲，我国引入饲养较多的是意大利蜂，广泛分布于我国南北各地，特别是长江和黄河流域。意大利蜜蜂是我国商业化饲养的主要蜂种之一，意大利蜂能维持强大群势，对大面积蜜源采集能力强，产蜜量高，但对零星蜜源利用力较差，对饲养消耗量大，在缺蜜时，容易出现缺饲料现象。因此，适宜于大面积果园饲养和转地饲养。

图 1-2　西方蜜蜂

3. 大蜜蜂和黑大蜜蜂

大蜜蜂又称排蜂，是分布于我国云南南部、广西南部、海南岛和台湾的一种大型野生蜂（图 1-3）。

大蜜蜂体大，吻长，飞行速度快，是热带地区的一种宝贵授粉蜂资源。

黑大蜜蜂，又称岩蜂（图 1-4），分布在西藏南部、云南西部和南部。营单一巢脾，附着于岩石上，常数群至数十群同在一岩隙中，成纵向垂直排列。体大，喙长，对当地林木、瓜果有重要的授粉作用。

图 1-3　大蜜蜂

图 1-4　黑大蜜蜂蜂巢
（1988 年法国 Eric Valli & Diane Sammers 摄）

图1-5 小蜜蜂

4.小蜜蜂和黑小蜜蜂

小蜜蜂又称小草蜂（图1-5），分布于云南中部以南地区、广西西南部及东南部。体长7～8毫米。筑巢在次生灌木丛和杂草丛中，巢脾比手掌稍大，也有三型蜂分化。

在云南西双版纳和临沧地区南部，还生活着另一种黑小蜜蜂（图1-6），体长8～9毫米，腹部全为黑色，栖息在海拔1000米以下的热带地区，营巢在次生稀树草坡的小乔木上，离地面2.5～3.5米，单一巢脾固定在树枝上。

图1-6 黑小蜜蜂蜂巢

5.无刺蜂

无刺蜂属是一类营群体生活的能酿蜜的蜜蜂科昆虫，体型微小，体长3～5毫米。在我国已发现10种，分布于云南南部和海南岛（图1-7）。工蜂无螫针，雌蜂专司产卵，个体较大。雄峰也能采集，个体大，交配后不久即死亡。工蜂数量上万只，专司采集花粉、花蜜和哺育后代。

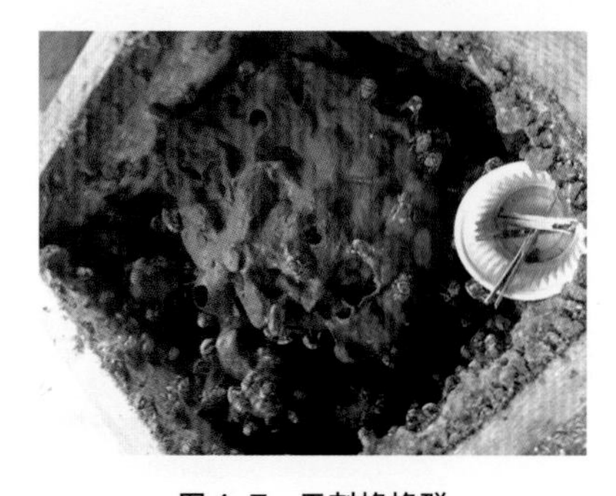
图1-7 无刺蜂蜂群

6.熊蜂

中国熊蜂种类大约有115种，占世界熊蜂种类的46%左右，在我国大部分地区都有分布。熊蜂是我国温室作物的主要授粉昆虫，特别是茄科类农作物的重要授粉昆虫（图1-8）。

图 1-8　熊蜂

7. 壁蜂

壁蜂是多种落叶果树的优良传粉昆虫，为野生独栖性昆虫。壁蜂具有耐低温、采集速度快、不需要人工饲喂、便于管理的特点，被广泛用于为果树授粉（图 1-9）。

图 1-9　壁蜂

第二节 蜜源调查

蜜源植物的丰富与否是发展养蜂业的重要基础，蜜源场地的选择和蜜源情况的好坏是养蜂成败的关键。

养蜂前首先要了解当地主要蜜源植物的种类、蜜源植物在该地区一年四季的分配情况和面积、蜜源植物的长势和泌蜜情况以及当地蜜源的花期、蜂群密度情况。常见的主要蜜源植物，如油菜、洋槐等（图1-10，图1-11）；不能采得大量商品蜜但是可用以维持蜂群生活和蜂群繁殖的蜜源植物称为辅助蜜源植物。

图1-10 油菜

图1-11 洋槐

第三节 蜂场场址选择

蜂场场地的选择直接影响养蜂的成败，确定养蜂场地时要兼顾蜂群发展、蜂产品生产以及养蜂人员的日常生活条件。选择一个理想的养蜂场地可以从以下几方面进行考虑。

1. 蜜粉源情况

在养蜂场地周围2.5公里半径范围内，全年有1～2个比较稳定的主要蜜源，以保证蜂产品的生产和蜂场的稳定收入，还应具有多种花期交错的辅助蜜粉源，以维持蜂群的生存和发展，为繁殖适龄采集蜂和恢复蜜蜂群势提供条件，降低养蜂成本，确保无有毒蜜粉源，以防造成蜜蜂中毒和蜂产品污染（图1–12）。

在选择转地蜂场放蜂时应力求繁殖场地和采蜜场地的蜜源植物开花时间相衔接。

放蜂场地与周围的蜂场应当保持一定的距离，蜂群密度过大会影响蜜蜂对蜜粉源的有效利用，降低蜂产品产量，减少养蜂生产效益，还容易造成蜂场之间的疾病传播、盗蜂等问题，不利于蜂群的日常管理。一般的蜜源条件每隔2 ~ 3公里放置60 ~ 100群蜂为宜。

2. 适宜的小气候

蜂场所在地应具有相对稳定、适宜的小气候，蜂群适宜放置在背风向阳、地势较高的地方，巢门前面空间应开阔。山区的蜂场蜂群可放置在蜜源所在区的南坡下，而平原地区的蜂场蜂群宜安放在蜜源的中心位置。在早春，可保证场地向阳、避风、干燥，夏季具有较好的遮阴条件，避免遭受烈日暴晒。避免在风口放置蜂群。

蜂场周围应具备洁净水源，水源充足，水质要好，以满足养蜂人员的日常用水以及蜜蜂的采水需求，但应避免蜂场设在水库、湖泊、河流等大面积水域附近。防治周围的有毒或被污染的水源，避免引起蜜蜂患病、中毒。

（a）

（b）（罗其花摄）

（c）

图1–12　蜂场选择

蜂场周围环境应安静，远离化工厂、糖厂、铁路和高压线等设施，受污染的地方（包括污染源的下风向）不得作为放蜂场地。

3. 基础设施和交通条件

蜂场须建有相应的生活用房、生产车间和仓库等，保证蜂产品生产的卫生条件和存储条件。养蜂人员的日常生活、蜂群的搬运、蜂机具的购买以及蜂产品的运输和销售等都需要有比较便捷的交通条件。因此，蜂场应设在车、船能到达的地方，以方便蜂产品、蜂群等的运输，便于养蜂人员购买生活用品，但应避免设在公路旁边，以避免噪声等污染。

4. 确保人、蜂安全

建立养蜂场要确保不会威胁人畜安全，可把蜂群放置在距离宅居地50米以上的地方，与周围群众的房屋分离。还应摸清周围危害人、蜜蜂安全的敌害情况，了解周围蜜源植物开花期间的农药使用情况，采取必要的防护措施。

第四节　蜂箱排列

1. 分散摆放（中华蜜蜂）

中蜂的认巢能力差，容易迷巢，所以饲养中蜂时可按照蜂场地形分散排列蜂群，使蜂箱间距加大，位置高低不同（图1–13）。

（a）

（b）

图1–13　分散摆放

2. 分组排列

分组排列有单箱排列（图1–14）、双箱并列（图1–15）、环形排列（图1–16）等形式。蜂箱之间的间距以能放下继箱和养蜂工具为宜，但前后排之间的距离应适当拉长，前后排的蜂箱交错放置。

注意：可用木桩、竹桩或铁桩将蜂箱支离地面30 ~ 40厘米，防止蚂蚁、白蚁及蟾蜍危害，还能防潮；尽量不要把蜂箱排成一直排，这种排列容易使蜜蜂迷巢，蜜蜂无法回到原群，造成蜂群的偏集。为避免蜜蜂迷巢，可采取不规则形式放置蜂群，使巢门朝向不同方向，把蜂箱涂成不同颜色，在蜂场留出一些灌木、树丛等作为标记。

图1–14　单箱排列（罗其花摄）

图1–15　双箱并列

图1–16　环形排列

第五节　选购蜂群

1. 购买时间

北方地区适合在早春蜂群排泄之后购买，南方地区也应在蜂群春繁前后为宜。一般不宜在南方越夏前或北方越冬前的秋季花期结束之后购买蜂群；如需要在此时购买蜂群，则购买的蜂群必须群强蜜足。

2. 蜂种的选择

养蜂者要根据所处的地区，了解不同蜂种的特性（表1–1），选择合适的蜂种。

表1–1　蜂种的选择

蜂　种	适宜地区	特　性
意大利蜂	适合我国大部分地区饲养，尤其适合以生产蜂蜜为主、王浆生产为辅的华北地区以及东北部分地区的蜂场饲养	意大利蜂是蜂蜜、王浆兼产型蜂种，但蜂盗性强，越冬期饲料消耗大，在纬度较高的严寒地区越冬比较困难
卡尼鄂拉蜂	适合我国冬季严寒漫长、春季短而花期早、夏季炎热的北方地区饲养	卡尼鄂拉蜂是蜂蜜高产型蜂种
高加索蜂	适合于冬季不太寒冷、夏季较热的地区饲养	高加索蜂是蜂蜜高产型蜂种，也是生产蜂胶的首选蜂种
东北黑蜂	东北黑蜂主要分布在我国黑龙江饶河县，是蜂蜜高产型蜂种	东北黑蜂在早春繁殖速度较快，分蜂性弱、可维持强群，抗寒性能好，性情温驯，盗性弱
浙江浆蜂	已推广到除西藏外的全国各地	浙江浆蜂是王浆高产型蜜蜂，分蜂性较弱，性情温驯，可维持强群，对大宗蜜源及零星蜜粉源的利用能力较强，比较耐热，但饲料消耗多，易感染白垩病
中华蜜蜂	无集中大蜜源的丘陵、山区	飞行灵活，耐寒，适宜采集零星蜜源，无螨害，易感染囊状幼虫病

3. 挑选蜂群

首先在箱外观察，确定蜜蜂飞行、采集正常，无爬蜂现象。初步判断后，开箱检查。

（1）蜂王　不同品种的蜂王体态各异（图1–17），应检查蜂王是否有伤残，蜂王应腹长健壮，行动稳健，产卵整齐。

（2）子脾　封盖子脾应整齐，无花子现象，幼虫发育饱满、色泽正常，无幼虫病。

（3）蜜蜂　查看蜜蜂采集是否积极、携带蜂螨情况、青幼年蜂数量、性情是否温驯、蜜蜂体色是否正常。

（4）巢脾与蜂箱　检查巢脾是否平整、是否过旧、雄蜂房是否太多、蜂箱是否结实、巢脾和蜂箱是否匹配。

（5）群势　选购蜂群的季节和目的不同，对群势的要求也不同。在春季购买蜜蜂以备采集夏季蜜源时，群势应在4框蜂以上，以保证在流蜜期前繁殖为强群。接近流蜜期购买蜜蜂时，应选择10框蜂以上且包含8张以上子脾的蜂群。

（6）饲料　检查箱内饲料是否充足。

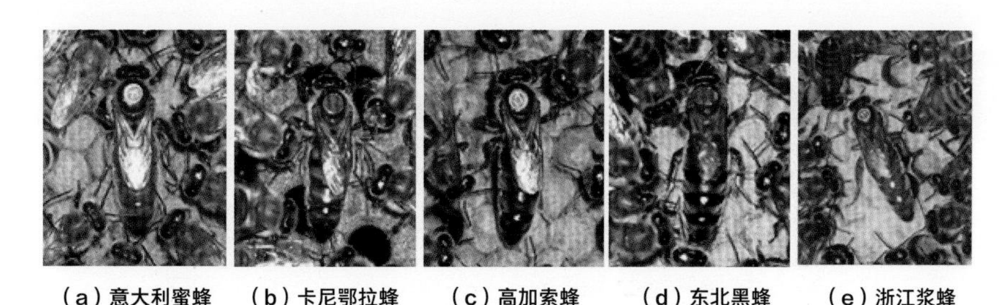

（a）意大利蜜蜂　（b）卡尼鄂拉蜂　（c）高加索蜂　（d）东北黑蜂　（e）浙江浆蜂

图1-17　不同品种的蜂王（引自吉林养蜂所网站）

4.定价付款

蜜蜂以群为单位进行购买，蜂群内蜜蜂、子脾、蜂蜜的数量以及蜂箱的质量是决定蜂群价格的主要因素。

第六节　蜂群检查

1.准备工作

准备好可能所需的工具：起刮刀（图1-18）、蜂帽（图1-19）、蜂刷（图1-20）；记录本；蜜蜂比较暴躁时还需喷烟器（图1-21）或小型喷雾器；蜂群繁殖扩大蜂巢时需要预备巢脾（图1-22）、巢础（图1-23）。此外，还需准备一些王笼（图1-24）、隔板（图1-25）、饲喂器（图1-26）、隔王栅（图1-27）等放在附近以备急用。

图1-18　起刮刀

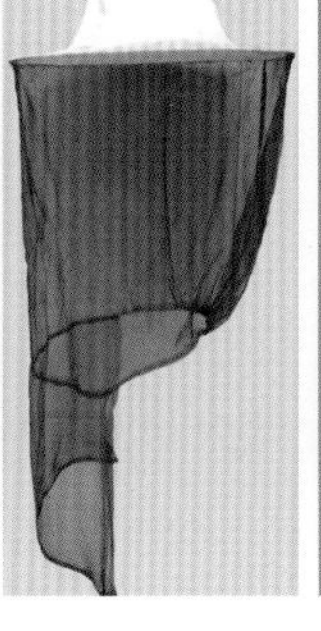

图1-19　蜂帽

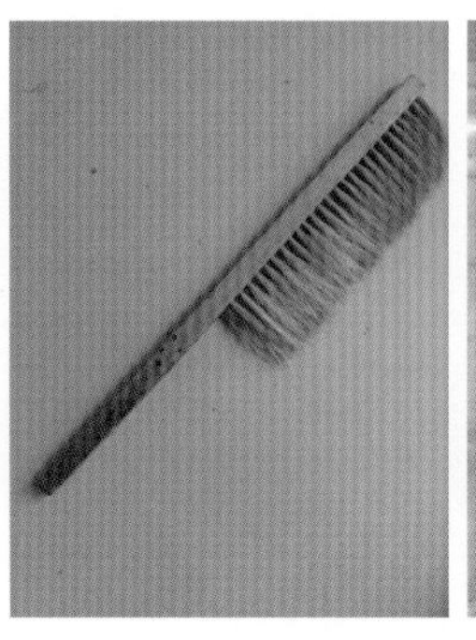

图1-20　蜂刷

图1-21　喷烟器

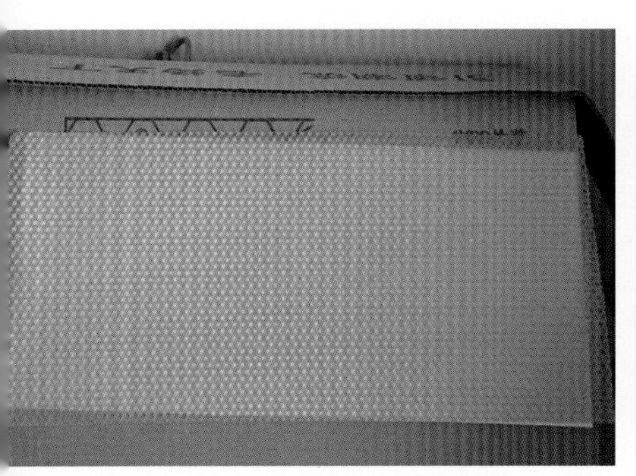

图1-22　预备巢脾（唐洪摄）

图1-23　巢础

图1-24　王笼

图1-25　隔板

图 1-26　饲喂器

图 1-27　隔王栅

2. 检查蜂群

（1）箱外观察　选择风和日暖的天气，动作要轻，先用起刮刀轻轻撬动框耳，使巢脾之间不粘连。不要挤压蜜蜂，及时处理发现的问题并记录（图 1-28）。

（a）

（b）

图 1-28　检查蜂群

大流蜜期（油菜花期），箱外观察发现强群不出门采集，并在巢门口出现“蜂须”时，即可判断可能出现自然分蜂。

另外，通过观察巢门附近的蜜蜂活动情况可大致判断蜂群的内部情况。

① 箱外观察时，发现采粉蜂较多，说明蜂王健在，蜂群繁殖积极。

② 采粉蜂地上翻滚、抽搐，说明蜂群可能出现中毒。

③ 工蜂拖蛹和幼虫，说明箱内严重缺蜜或花粉。

④ 巢门前不断爬出残翅蜂、畸形幼蜂，说明蜂群螨害严重。

⑤ 蜂箱前出现大量伤亡的青、壮年蜂（有的无头或残翅、断足），说明蜂群受到胡蜂袭击。

（2）开箱检查——局部检查

① 巢内贮蜜情况。

② 有无蜂王。

③ 蜂子发育情况，是否健康，有无感病。

④ 是否需要添加巢脾。

第七节　调整蜂群

为防止和避免蜂群发展强弱不均、防止和消除分蜂热、组织强群采集、解决蜂群失王问题等都需对蜂群进行调整，主要涉及蜂群合并问题。

合并蜂群的原则：弱群并入强群，无王群并入有王群，就近蜂群合并。合并有王群时，要在操作前一天彻底除去被合并群的蜂王和王台。合并蜂群宜在傍晚进行。

合并蜂群的方法有直接和间接两种。

（1）直接合并法　把无王群的巢脾带蜂放在有王群的隔板外侧，1～2天后，去掉中间的隔板，把巢脾靠在一起，在早春繁殖及大流蜜期适于采用此法，群势较弱时可以对蜂群适当喷水，再合并（图1-29）。

（2）间接合并法时　傍晚在有王群巢箱上加上一个纱盖或铺上扎有小孔的报纸，然后放上继箱，把被合并群的巢脾带蜂放入继箱内，1～2天后两群气味混合后再进行调整即可。

（a）对蜂群喷水

（b）对单脾喷水

（c）放回蜂群

（d）对要合并的脾喷水

（e）放入合并群的隔板外侧

（f）调整蜂路，盖好蜂箱

图 1-29　直接合并蜂群的方法

第八节 迁移蜂群

蜜蜂记忆蜂巢的能力较强，移动蜂群时应注意采取措施使蜜蜂能很快识别移动后的新地点。移动蜂群在夜晚或清晨进行，注意搬移时应轻搬轻放。

1. 近距离迁移蜂群

短距离平行挪动蜂群，并将原位置底部清理干净，一两天后，蜜蜂都进入新位置的蜂箱后，可采用同样方法继续挪动（图1-30）。

（a）选择要迁移的蜂群

（b）将蜂箱挪动一小段位置

（c）原位置的石头挪开

图1-30 近距离迁移蜂群

2. 远距离迁移蜂群

转移前把蜂箱外各部分的缝隙堵严，脾与脾之间要固定牢固（图1-31），以免蜜蜂在运输过程中飞出，把隔板和巢脾固定好，转运前晚上关闭巢门。运输距离稍近时可用纱网安装在巢门口，以防蜜蜂聚集在巢门附近，影响通风。如果运输距离较远而运输空间较封闭或天气较热，可把纱盖钉在蜂箱上（图1-32），确保蜂箱上部的空气流通。

（a）

（b）

图 1-31　固定蜂脾（唐洪摄）

图 1-32　装订纱盖通风（唐洪摄）

第九节　收捕分蜂群

1. 分蜂的原因

分蜂是蜜蜂群体繁殖的天性，蜂王较老、蜂群群势增强、蜜粉源丰富、易分蜂的蜂种等因素都是造成分蜂的可能原因。分蜂的趋势通常在流蜜期前蜂群快速繁殖时最强烈，一般发生在上午10时至下午2时。

分蜂过程开始于蜂群中出现王台，蜂群分蜂时，一半或一半以上的工蜂及雄蜂停止采集，吸足蜂蜜，和蜂王离开原群。蜜蜂涌出蜂群，首先停留在较近的地方，形成分蜂团，侦察蜂飞出寻找适合的新巢地点，然后引导分蜂团迁移到新地点。原群中，处女王出房，咬破其他王台，数日后出巢进行交配，然后产卵。有时羽化的第一个处女王并不咬破其他王台，而是带领一部分蜜蜂离开蜂群进行第二次分蜂。

2. 分蜂团的收捕

（1）分蜂初期进行收捕　当大量蜜蜂涌出巢门在蜂巢附近上空飞行时，注意在巢门前观察，看到蜂王立即抓入王笼；将原群挪开并在原群的位置放一个空蜂箱，从其他蜂群调入一张带有蜜的虫脾，把囚王笼放入该空蜂箱中，涌出的蜜蜂在蜂王的吸引下会返回蜂群。

（2）分蜂团的收捕技术　如图1-33所示。

（a）找到分蜂团

（b）将收蜂笼放在分蜂团上方

（c）用手轻赶，催蜂进笼

（d）用覆布将捕蜂笼盖起

图1-33　分蜂团的收捕（一）

最后将蜂倒入蜂箱（事先放入子脾和蜜脾），完成收蜂；仔细检查原群，留下一个成熟王台或新羽化的蜂王。

若分蜂群在高大不易接近的大树上结团，收捕时可把轻便的箱子绑在坚实的杆子上，举到分蜂团下面，摇动蜜蜂结团的树枝，使它们落到箱内。也可以把一个装有巢脾的交尾箱或巢脾举到分蜂群下面，让蜜蜂爬到巢脾上（图1-34）。

3. 分蜂的预防和控制

分蜂会使蜂群变小，降低蜂群的采蜜量，在日常管理中应针对性地采取预防措施，防止发生分蜂。有两点需重点注意：饲养分蜂性弱的良

（a）正在分蜂的蜂群

（b）用巢脾收蜂

（c）取下巢脾

图1-34　分蜂团的收捕(二)

种和良好的饲养管理措施。其中，良好的管理措施主要有以下几种。

① 及时扩大蜂巢，增加继箱，以充分发挥蜂王的产卵力和工蜂的哺育力。

② 及时加入巢础造脾，及早进行王浆生产，让过剩的幼蜂参加造脾和泌浆等活动。

③ 适当进行蜂群调整，调换卵虫脾。

④ 注意给蜂群遮阳通风，设置便利的采水地点。

⑤ 使强群和弱群交换位置，弱群得到强群的外勤力量而加强，强群的力量转到弱群而降低分蜂情绪。

⑥ 在分蜂季节，每隔5 ~ 7天检查蜂群一次，清除出现的王台。

第十节　防止盗蜂

盗蜂是指一群蜜蜂把另一群蜜蜂储存的蜂蜜采回到自己蜂巢里的行为。作盗的蜜蜂多为老蜂。被盗群巢门前一片混乱，工蜂相互撕咬、进巢的工蜂腹部小而出巢的蜜蜂腹部大，行动慌张。被盗群多为弱群、无王群、刚补喂过蜜糖饲料的蜂群。

（1）原因　根本原因是外界蜜粉源缺乏，此外，蜂场内蜂群群势相

差悬殊、不同种蜜蜂同场饲养、蜂群内饲料储备不足、管理不善等也易引发盗蜂。

（2）盗蜂的危害　一旦发生盗蜂，蜜蜂变得凶暴，严重时受害群的蜂蜜被掠夺一空，工蜂大量伤亡；更严重者，被盗群的蜂王被围杀或举群弃巢飞逃，若各群互盗，全场则有覆灭的危险。另外，作盗群和被盗群的工蜂都有早衰现象，给以后的繁殖等工作造成影响。

（3）盗蜂的预防　选择盗性弱、防卫能力强的蜂种；饲养强群，保持巢内饲料充足；外界缺乏蜜粉源时缩小巢门，白天尽量少开箱，傍晚进行饲喂，不要把糖浆洒落在箱外；及时修补好蜂箱的缝隙，不要在蜂场随意乱放巢脾，在室内进行取蜜操作，及时洗净摇蜜机和相关工具。

（4）盗蜂的制止　蜂群刚开始起盗时，可以缩小巢门，在被盗群巢门前放上树枝或草进行遮挡。如果盗蜂严重，可把被盗群搬到距离原场2～3公里的地方，放置一段时间待蜂群恢复正常后再搬回原场。

第十一节　预防蜂蜇

（1）预防蜂蜇的方法　管理蜂群时戴好蜂帽、手套，穿白色或浅色衣服，将袖口、裤口扎紧，保证手上和身上无刺激气味，避免在天气不好时检查蜂群，操作时站在蜂箱侧面，使用喷烟或喷水的方法让蜜蜂安静，注意动作要轻、稳，轻拿轻放，不挤压蜜蜂、不震动碰撞巢脾及蜂箱。蜂场周围应设置栅栏或种植灌木等植物，并在明显位置竖立警示牌，防止无关人员进入蜂场。

（2）注意事项　被蜜蜂追上时，不要乱拍乱打，若钻进衣袖或衣裤，及时将其捏死。若蜜蜂钻入头发，不要抚弄头发试图找到蜜蜂，而应及时将其压死。处死蜜蜂后用水清洗相应部位，避免其他蜜蜂继续攻击。

（3）蜂蜇后的处理　被蜂蜇后，用指甲盖及时去除蜇刺，用肥皂水冲洗被蜇部位，如果被蜂群围攻，先退回屋（棚）内或离开蜂场，蹲下并低头护住头部，等待围绕的蜜蜂散去。被蜇部位通常会出现红肿现象，一般3～5天后可自愈。对蜂毒过敏者，应及时送往医院救治。

第二章 蜂群春季管理

第一节　早春蜂群快速繁殖技术

春季，是蜂群繁殖的主要季节。蜂群早春繁殖的好坏是影响全年蜂蜜、王浆等产品产量的关键因素。北方蜂群越冬期长，一般2月底3月初开始产卵；华南冬季温暖，11 ~ 12月份便进入繁殖期；长江中下游地区蜂王在2月初开始产卵。

1. 技术要点

抓住气温回升、植物开花的大好时机，注意保温（图2-1），繁殖蜂群，这一阶段持续40天左右，可为下一阶段打好基础。

图2-1　早春蜂群保温

早春繁殖时间可以根据经验灵活改变。在长江中下游地区油菜面积大，如果天气正常，在3月10日前后就可以生产王浆，在3月15日左右就可以取蜂蜜（图2-2）。

图 2-2　蜂箱内部情况

蜂王在蜂巢中温度达到34～35℃时开始产卵，产卵圈按椭圆形扩大。随着蜂王开始产卵，工蜂需要吃更多的花粉，分泌蜂王浆饲喂幼虫。由于早春气温较低，蜂群较弱，蜜蜂结团并消耗更多蜂蜜以保持巢内温度。天气晴暖时，蜜蜂会散团，出巢排泄和采集。如果阴雨连绵，工蜂不能出巢排泄，腹内积粪过多，会影响工蜂饲喂能力，进而影响蜂群的繁殖。

图 2-3　蜂群检查

蜂群越冬会出现失王现象，而且会有很多老蜂死亡落于箱底。开春后，选择晴暖无风天气，对蜂群进行一次快速全面检查，以了解蜂群越冬饲料消耗状况、蜂王损失情况等（图2-3）。相关症状及判断情况见表2-1所示。

表2-1　蜂群症状及相关判断情况

检查出现的症状	判断蜂群情况
肚子膨大，肿胀，爬在巢门前排粪	表明越冬饲料不良或受潮湿的影响
蜂群出箱迟缓，飞翔蜂少，而且飞得无精打采	表明群势弱，蜂数较少
个别群出现工蜂在巢门前乱爬，秩序混乱	说明已经失王
蜜蜂从巢门拖出大量蜡屑	可能遭受鼠害

2.注意事项

对缺乏贮蜜的蜂群要及时补入大蜜脾，无王群及时介绍贮备蜂王或结合群势调整并入他群。全面检查时，把箱底死蜂、碎蜡渣、霉变物等清除干净。囚王越冬的蜂场，可同时放王出王笼。

另外，早春繁殖需要注意的问题主要有以下几个方面。

① 快速检查。气温达到13℃的晴天中午，快速检查蜂群，查明经过越冬的群势，现存饲料情况，蜂王在否，箱内环境（湿度、温度）、有无病害等。

② 清理箱底。收拾蜂尸、残蜡和除湿。

③ 加强保温。密集群势、双群同箱、蜂巢分区、预防潮湿、调节蜂路和巢门、糊严箱缝、防止冷空气侵入、慎重撤包装。

④ 奖励饲喂。每天用稀糖浆（糖和水比为1 ∶ 3）在傍晚喂蜂。

⑤ 扩大蜂巢。及时加入新空脾，促使蜂王产卵。

⑥ 喂水喂盐。在箱外设置清洁稀盐水水源，供蜜蜂饮用。

⑦ 注意强群与弱群互补，观察蜂群出巢表现。

第二节　病虫害防治

早春蜂群易发生蜜蜂孢子虫病、麻痹病和幼虫腐臭病。因此应做好蜂巢保温，促进蜜蜂飞翔排泄，饲喂优质蜜粉，以增强蜂群的抗病能力。可在饲喂时加入少量姜、蒜汁液等以预防疾病。不要随便使用抗生素，以免产生药物残留，影响蜂产品质量。

一、治螨

春季蜂群弱，蜂螨的增殖比蜂群增殖速度快，要把蜂螨全部治一遍，将蜂螨寄生率降到最低限度。应每隔2 ~ 3天用药1次，若蜂螨寄生率低，治疗1 ~ 2次即可；若蜂螨寄生率高，可防治2 ~ 3次。升华硫对小蜂螨具有较好的防治效果，使用时，抖落封盖子脾上的蜜蜂，然后用纱布包着升华硫粉，均匀涂抹于封盖子脾的表面。每隔7 ~ 9天1次，连续2 ~ 3次。

春季治螨需注意以下几点：

① 治螨药剂应选用水剂，不宜使用烟剂或其他，可用敌螨一号、速杀螨等，浓度按说明书要求配比。

② 气温要适宜，选晴暖天气中午喷洒治螨药剂，且外界气温不低于10℃为宜，以便蜜蜂出巢排泄。切忌傍晚治螨，以避免喷药时蜜蜂出巢

冻死而造成损失。

③ 治螨时间要短，早春蜜源缺乏，蜜蜂易起盗。因此，治螨时间要短，动作要快，以防发生盗蜂。

④ 用药前夜要喂饱蜂，以增强蜜蜂抵抗力。此外，蜜蜂吃饱后腹部体节伸展，可使躲在腹节间膜里的蜂螨暴露在外。

二、蜂箱和巢脾的消毒

加继箱之前，要将箱体内一切杂物清理干净。用酒精、新洁尔灭等进行消毒。酒精最好用纯度为75%的，也可不加水，用纯酒精。新洁尔灭按说明书上的比例加水。用小型喷壶（图2-4），对箱内进行消毒。

图2-4 喷壶

选越冬期前撤下的有蜜、有粉、产过3～4次子的老脾，放入箱圈内进行熏蒸，以消毒杀虫。熏蒸时，在最下面放一个空箱圈，上面摞上装好巢脾的箱圈，然后再套上塑料膜密封。将硫粉放入碗中点燃，放入最下层的空箱圈中，密封。在熏蒸一天一夜后即可取出，留待需要时加入蜂群中。

三、换脾

春季换脾是一项可选步骤。冬季蜂王虽然被囚在王笼内，但出于本能，有些蜂王还会将少量卵产到王笼附近的巢脾表面。工蜂会把卵转移到蜂房，造成囚王后仍有少量幼虫、蛹的现象。这给蜂螨提供了繁殖场所，所以有些早春不换脾的蜂场，刚春繁不久就会发现蜂螨大量寄生的情况。

使用熏蒸后的蜜、粉脾对箱内的脾进行调换。换脾前应先将巢框四面的杂物清理干净，再往脾上喷些水，然后把巢房削去1～3毫米，以利于工蜂清理蜂房和蜂王产卵。换脾应在下午4点钟以后，最好是在天黑以后进行，动作要快，以防引起盗蜂。在抖脾时，可先用喷烟器对框两端喷少许烟，使蜜蜂离开框脾两头，这样有利于抖脾。也可用点燃的蚊香或棒香代替喷烟器，对框脾两头各点一下，但蚊香对蜜蜂是有一定的害处的。

第三节 放王产卵

在秋季适时使用囚王笼（图2-5）控制蜂王产卵是许多蜂农的做法。如果不囚王，在冬天蜂王会繁殖出众多无用的工蜂。囚王的目的就是抑制蜂王卵巢发育，减少其产卵。囚王后能减少越冬蜂的损失，使蜜蜂安静地结团，进入半休眠状态，不但延长了蜜蜂寿命，还能减少饲料的消耗。此外，还便于蜂王休养生息，利于来年繁殖。

及时放王产卵，既节省饲料，又能培育大批采集蜂。华北地区的蜂群一般在3月初放王，长江中下游地区在1月初放王。从放王前2～3天开始，每天或隔天对蜂群进行奖励饲喂，每群蜂喂糖水（糖水质量比为1：1）200～300克，以蜜蜂够吃为宜。放王后1～2天，蜂王即开始产卵。若蜂箱中没有粉脾，在放王后5天就可以开始饲喂花粉。蜂王开始产卵后，尽管外界有一定蜜、粉源植物开花流蜜，也应每天用糖水喂蜂，以刺激蜂王产卵，糖水中可加入少量食盐、适量的抗生素，预防幼虫病发生。

（a）开箱查找蜂王

（b）将蜂王放入囚王笼

图2-5 使用囚王笼控制蜂王产卵（唐洪摄）

第四节 促蜂排泄

蜜蜂在越冬期间一般不飞出排泄，粪便积聚在后肠中，使后肠膨大几倍。春季，当蜂王开始产卵后，蜜蜂将蜂巢内育虫区温度调整在34 ~ 35℃，蜜蜂饲料消耗增加，使蜜蜂腹中粪便积累增多。因此，为了保证蜜蜂的健康，到了越冬末期一定的时间，必须创造条件，促进蜜蜂飞翔排泄。

选择晴暖无风、中午气温在10℃以上的天气，在上午10点至下午2点，取下蜂箱外的保温物，打开箱盖，让阳光晒暖覆布，提高蜂巢温度，促使蜜蜂出巢飞翔排泄。若同时喂给蜂群100克50%的糖水，更能促进蜜蜂出巢排泄。如果蜂群在室内越冬，应选择晴暖天气，把越冬蜂搬出室外，两两排开，或成排摆放，让蜜蜂排泄飞翔后进行外包装保温。排泄后的蜂群可在巢门挡一块木板或纸板，给蜂巢遮光，保持蜂群的黑暗和安静。在天气良好的条件下，促蜂排泄要连续2 ~ 3次。

促蜂排泄的时间，在华北地区，一般选在立春前后，即离早期蜜源植物开花前半月左右。在西北及东北地区，安排蜜蜂排泄的时间可在蜜源植物开花前20天左右。长江中下游地区，安排在大寒前后，早的在大寒之前。

根据蜜蜂飞翔情况和排泄的粪便，可以判断蜂群越冬情况。越冬顺利的蜂群，蜜蜂体色鲜艳，飞翔敏捷，排泄的粪便少，像高粱米粒大小的一个点，或是线头一样的细条。越冬不良的蜂群，蜜蜂体色暗淡，行动迟缓，排泄的粪便多，排泄在蜂场附近，有的甚至就在巢门附近排泄。如果越冬后的蜜蜂腹部膨胀，爬在巢门板上排泄，表明该蜂群在越冬期间已受到不良饲料或潮湿的影响；如果蜜蜂出巢迟缓，飞翔蜂少，飞翔无力，表明群势衰弱。对于不正常的蜂群，应尽早开箱检查处理。对于受不良饲料影响的蜂群，可用本场储备的优质蜜粉脾经预温后，换出受影响蜂群的巢脾。对过弱蜂群应及时进行合并。在第一次排泄时可进行一次全面开箱检查，并清除箱底死蜂。

第五节 紧脾保温

蜂群自身有一定的保温能力。温度高，蜜蜂散团、扇风以降低巢温；温度低，蜜蜂结成团、消耗更多蜜糖以提高巢温。早春冷空气多，阴雨天时间长，夜间气温常降到0℃以下。单靠蜂群自身保温能

力保持巢内育虫区34 ~ 35℃ 的繁殖温度，不仅会限制蜂王产卵圈的扩大，还会严重影响蜜蜂本身的寿命，造成早春拖子。受冻子脾即使有些蜂子勉强羽化出房，成蜂的健康状况也不好。因此，早春蜂群一定要做好保暖措施。蜂群的早春保温工作，华北地区是在蜜蜂飞翔排泄的时期进行，长江中下游地区一般在立春前后进行，早的在大寒前后进行。蜂群应摆放在地势高、背风向阳的地方，可10 ~ 15箱为一排摆放，这样既有利于蜂群间的相互借温，又节省蜂群保温的包装材料，还可以防止蜂群的偏集。蜂群保温的方法有箱内保温和箱外保温等。

一、箱内保温

早春蜂巢中巢脾过多，空间大，蜜蜂分散，不利于保温保湿。在蜂巢里，蜂王产卵、蜂子发育需在35℃的条件下进行，称为“暖区”。而储存饲料和工蜂栖息，温度条件要求不太高，称为“冷区”。早春，把子脾限制在蜂巢中心的几个巢脾内，便于蜂王产卵和蜂子发育。边脾供幼蜂栖息和储存饲料，也可起到保温作用。

可抽出多余的巢脾，使蜜蜂密集，达到蜂多于脾的程度，保证蜂巢中心温度达到35℃，蜂王才会产卵，蜂子才能正常发育，以后随着蜂群的发展，再逐渐加入巢脾，供蜂王产卵。把剩余的巢脾集中于蜂箱中央，双王群则集中于隔板（图2-6）两侧，两侧再各加隔板。对于弱群，还可将隔板两侧空间用干草等填充，框梁上面再加盖棉垫或草垫。箱内保温物可随气温升高、蜂群的扩大逐步撤除。

此外，气温较低时，冷空气容易从巢门进入蜂箱，寒潮期间和夜晚应缩小巢门。弱群的巢门在夜晚可全部关闭，第二天再打开。

二、箱外保温

春繁时蜂群10 ~ 15箱为一排，前后排成数行在向阳的地方摆放。用干草等填充箱缝（图2-1），箱底垫3 ~ 5厘米厚的干草，蜂箱左右和后壁用草帘包住，再用塑料薄膜把整排的蜂箱盖住。晴暖的白天翻开，让工蜂进出，低温阴雨

图 2-6　隔板

和夜晚盖上，防寒祛湿。注意加盖草帘和塑料薄膜时，要留出巢门，不要堵塞。随着蜂群的壮大，气温逐渐升高，慎重稳妥地逐渐撤除包装和保温物。箱外保温在蜂群发展到一定群势，外界气温转高、稳定时全部撤除。

潮湿的箱体或保温物都易导热，不利保温。因此，早春场地应选择在干燥、向阳的地方。在气温较高的晴天，应晾晒蜂箱，翻晒保温物。

第六节　早春喂饲

早春蜂王开始产卵后，蜂群活动增加，随着虫脾面积的扩大，蜂群将消耗更多饲料。为了迅速壮大群势，在春季要进行奖励饲喂。

一、喂糖

在蜂群紧脾保温时，留1脾的蜂群应有巢蜜0.5千克，留3脾的蜂群应有巢蜜2.5千克以上，以确保蜂群的正常繁殖。应于主要流蜜期到来前4 ~ 5天，或外界出现粉源前一周开始奖励饲喂。奖励饲喂采用白糖与水按1 ∶ 1的质量比进行调制，倒入饲喂器中，每次每群饲喂0.5 ~ 1千克。开始时可隔天喂一次，随着幼虫增多，改为每天一喂。开始奖励饲喂时，也可喂质量分数为60%的糖水，之后再饲喂50%的糖水，这样更有利于早期蜂群的产热保温。奖励饲喂既要保持蜂群有足够的饲料，又要注意不应在次日有剩余，以免压缩产卵圈（图2-7、图2-8）。

图2-7　饲喂蜂群

图2-8　为防蜜蜂淹死饲喂盒中放入的干草

二、喂花粉

花粉是蜜蜂蛋白质、脂肪的主要来源。哺育1只蜜蜂起码需要120毫克花粉。1万只工蜂在哺育时，需1.2 ~ 1.5千克花粉，一个较强的蜂群，一年消耗花粉20 ~ 30千克。蜂群缺乏花粉时，新出房的幼蜂因取食花粉不足，其舌腺、脂肪体和其他器官发育不健全，蜂王产卵量就会减少，甚至停产，幼蜂发育不良，甚至不能羽化，成年蜂也会早衰，泌蜡能力下降，蜂群的发展也就缓慢。因此，在蜂群繁殖期内，外界缺乏花粉时，必须及时补喂花粉或花粉代用品。

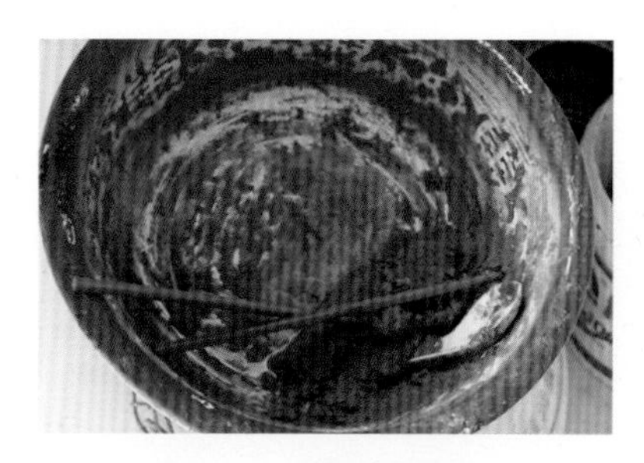

图2-9　饲喂的花粉团

图2-10　将花粉团放入蜂箱内的巢框上梁

在蜜粉源植物散粉前20天开始饲喂花粉。饲喂花粉最有效、最简便的方法，是将储存的优质粉脾，喷上稀糖水（可加快蜂群对粉脾表面的清理），加入巢内供蜜蜂食用。若无贮备的粉脾，在也可用质量比1 ∶ 1的糖水把花粉调制成团状或条状，直接放在靠近蜂团的巢脾上或放在框梁上（图2-9，图2-10）。调制花粉团应注意，不能使花粉团过稀，以免从框梁漏下，也不可过干，以免影响蜜蜂的采食。因此，当粉源充足时，应在巢门安装脱粉器，收集大量的花粉，干燥后妥善进行保管，在缺粉的季节，按照上述方法，补充饲喂给蜂群。

在缺少天然花粉时，也可采用花粉替代品饲喂蜂群。可将豆粉之类的替代物用蜂蜜调制成糊状放在框梁上任蜂取食。也可将花粉和大豆粉混合，加水、糖浆（或蜂蜜）、酵母混合制成花粉混合饲料。但是使用这些替代品饲喂的蜂群不如正常饲喂的蜂群群势强，因此应尽量饲喂正常天然花粉。

三、喂水

喂水的方法：在早春和晚秋采用巢门喂水，即每个蜂群巢门前放一个盛水的小瓶，用一根纱条或脱脂棉条，一端放在水里，另一端放在巢门内，使蜜蜂在巢门前即可饮水。平时应在蜂场上设置公共饮水器，如木盆、瓦盆、瓷盆之类的器具盛水，或在地面上挖个坑，坑内铺一层塑料薄膜，然后装水，在水面放些细枯枝、薄木片等物，以免淹死蜜蜂。在蜂群转地的时候，为了给蜂喂水，可用空脾灌上清水，放在蜂巢外侧；在火车运输途中，可常用喷雾器向巢门喷水。干燥地区越冬的蜂群常因饲料蜜结晶，需要喂水。无论采取哪一种方法喂水，器具和水一定要洁净。

在蜜蜂的生活中，还需要一定的无机盐，一般可从花粉和花蜜中获得，也可在喂水时，加入少量食盐进行饲喂。

第七节　加脾扩巢

蜂王产卵，从巢脾中间开始，螺旋形扩大，呈圆形，常称子圈。子圈面积大，表明培育蜂子多。因此，早春管理的中心任务就是要增加子脾数量，扩大子圈。但此时外界气温不稳定，蜜粉源情况变化较大，如果盲目扩大子圈，加脾扩巢，气温降低时，蜜蜂护不住脾，会使子脾受冻，繁育出的蜜蜂健康状况不佳，因此必须因群、因时制宜，灵活运用扩大子圈、增大蜂巢的技术。加脾的原则是：开始繁殖时蜂多于脾，繁殖中期蜂脾相称，繁殖盛期蜂略少于脾，生产开始时蜂脾相称。每年还应利用繁殖时期造新脾，以淘汰旧脾，造脾方法如图2-11所示。

（a）隔板先放桌上

（b）将巢础安置在巢框上

图2-11

（c）用埋线器固定

（d）用蜡屑固定

（e）制作好的巢脾

（f）将新巢框加入蜂群

图 2-11　造脾方法

一、扩大子圈

在刚开始繁殖时，只有少数几个巢脾上有子，可采取割开子脾周围蜜盖，让蜜蜂采食后产子来扩大子圈，不要急于加脾扩巢。早春蜂王产卵，多先集中在巢脾朝巢门一端，当这一端产满之后，应将子脾调头，让蜂王产满整张巢脾。

在早春繁殖时期，弱群往往出现蜂王仅在巢脾中央的不大面积内产卵，而产卵圈周围被粉房包围，这就是“粉压子圈”现象。出现这种情况，蜂群发展十分缓慢。除应加强保温，让巢中心温度达到35℃之外，还应在蜂王所产卵的巢脾外侧，加入空脾，让蜂王尽快爬出粉圈到外面巢脾产卵，才能加快弱群的发展。

二、加空脾

繁殖初期蜂多于脾的蜂群，一般在子脾上有70% ~ 90%的巢房封盖，或有少数蜂出房时，将1张空脾加在蜜、粉脾内侧。群势强的蜂群，在子脾面积达到70% ~ 80%后加脾，群势弱的蜂群待新蜂大量出房时加脾。加脾之前，可将巢房表面割去1～3毫米，这样能加速蜂王产卵。1天之后，当工蜂已清理好巢房，脾温也升高之后，再加入巢中央“暖区”供蜂王产卵。

当第一代子全部出房，巢内工蜂已度过更新期，全部由新蜂代替越冬的老蜂，而一个完整的封盖子全羽化出房后，可以爬满3张脾，这时蜂群内的蜜蜂较为密集，应及时加入1～2张空脾，供蜂王产卵。几天之后，蜂王已产满空脾，幼虫已孵化，再加入1张空脾，此时，巢内的蜂脾关系为脾略多于蜂，即巢内工蜂密度较稀，约7天之后，由于幼蜂不断羽化出房，巢脾上的蜜蜂又逐渐密集起来，再加入1～2张巢脾。然后可看情况，每过3～5天加一框脾，这样，蜂群就会很快地壮大起来。一只越冬后的老蜂，只能哺育幼虫1～3只，一只出房的新蜂可哺育幼虫3～4只。因此繁殖蜂群中已加到3框脾时，再加脾时应慎重，要根据天气（天气晴暖）、群势（蜂爬满脾）、蜂子（子脾面积达70%以上）、饲料（子脾边角有蜜，有花粉贮存）等情况，如果情况不好，可暂缓加脾。

三、加继箱

当蜂群发展到6框时，如果进粉较多即可开始生产花粉和蜂王浆，王浆生产从此开始，直至全年蜜源结束为止，对采蜜较多的蜂群要进行蜂蜜生产。当蜂群发展到5～6框时，应暂缓加脾，积累更多的工蜂，使蜂、脾关系从蜂少于脾发展到蜂脾相称或蜂多于脾，等待加继箱。当箱里有7足框以上的蜂，就可以加继箱（图2-12）。加继箱前，每一群要准备一个继箱，一块隔王板（图2-13），2块隔板，2～3张巢脾。把巢箱中1框边脾提上继箱（也可不提脾），再在继箱中另加1～2框空脾。巢箱保持5张脾，继箱上放2～3张脾，组成一个生产群，等粉源到来时就可以开始生产蜂王浆。对于弱群，应在春季蜜源植物开始流蜜后再加继箱。

图2-12　继箱

图 2-13 隔王板

当箱内已有5 ~ 6足框蜂时，如果遇到持续的强冷空气、雨雪天气等特殊情况，由于箱内温度高，工蜂负担重，消耗大量花粉，工蜂急需出巢排泄，会造成蜂群损失。这时可以先加上继箱，但不要放脾，以降低箱内温度，减少蜜蜂外出，待条件合适再加空脾。

四、强弱互补

一个蜂场所有的蜂群不可能均衡发展，在春繁过程中群势有强有弱。强群内工蜂数量多，哺育蜂子能力强。但是，蜂巢内环境复杂，蜂王要寻找一个合适的巢房产卵，需要花较长的时间，相应地产卵速度减慢，产卵量下降，蜂群增长变慢，而弱群巢内蜂脾较少，环境不太复杂，蜂王产卵速度相对较快，但群内哺育蜂较少，哺育能力弱，不能完全保证蜂王所产卵的完全孵化和幼虫的正常发育。因此，及时将弱群内的卵、幼虫脾，调入强群哺育，同时在弱群中央加入空巢脾，供蜂王产卵，产满一脾提出一脾，加强群哺育。这样既调动了弱群蜂王的产卵积极性，也调动了强群哺育蜂的积极性。同时又把强群里的封盖子脾，提入弱群，补充弱群，弱群也会很快强起来，达到均等群势的目的。

当强群发展到8框以上时，蜂群繁殖速度最快，如蜂数继续增加，其繁殖速度反而会下降，此时要进行强弱互补。将强群中的封盖子脾提出加到弱群中，将弱群中的卵虫脾提出加到强群中。这样弱群中可利用强群哺育新蜂，强群中也加入了适合产卵的空脾。强弱互补是养蜂中经常用的一种措施，使全场的蜂群成为一个整体，发挥各个蜂群的优势，使所有蜂群都成为具有生产能力的强群。

第八节　组织双王群

双王群比单王群繁殖快，控制蜂群的能力较强，不易发生分蜂，但双王群相对子多蜂少，生产能力较弱。将巢箱的中间用隔王板分隔成两室，每室各开一个巢门，每室放入2～3框蜂，就可以组成双王群（图2-14）。开始组织时，可将两室作为交尾群，当处女王交尾后，便成为两个蜂群；也可直接组织成两个蜂群，分别诱入蜂王，两群的蜂王年龄要基本一致。

图2-14　双王群

当蜂群逐渐增多到满箱时，加上继箱。从每区各提3张蛹脾和1张蜜粉脾放在继箱中间，巢箱空处补入空脾或巢础框，巢箱、继箱之间加上隔王板，限制2只蜂王在巢箱的两区内产卵。刚组织的继箱双王群，由于老蜂飞回巢箱，会出现巢箱蜂多、继箱蜂少的现象，在最初几次调整巢脾时，向继箱中多调入将要出房的封盖子脾，待上、下箱群势基本平衡之后，再按常规方法进行管理。

巢箱双王群由于空间有限，需要6～7天调整一次巢脾，才能保证有大

量的空房供2只蜂王产卵。当上、下箱都繁殖到满箱后，如流蜜期还未到，可抽出蛹脾补给其他未满箱的蜂群。但到流蜜期临近，要适当限制蜂王产卵，以减轻采蜜期蜂群的哺育负担。可采取向产卵区加入粉脾或调出一只蜂王另组双王群等办法迎接流蜜期到来。

第九节 控制分蜂热

春季蜂群发展到一定的程度，意蜂有7 ~ 8框子、中蜂有4 ~ 5框子时会出现分蜂现象。分蜂对群势的发展和蜜、粉源的利用是不利的，特别是在主要流蜜期中发生分蜂，会造成强群立刻成为弱群，影响采蜜。做好良种选育和加强饲养管理，能够预防和控制分蜂热的发生。

1. 选用良种、更换蜂王

要挑选能够维持强群、分蜂性弱的蜂群作为种群和哺育群。当蜂群有分蜂趋势时，在流蜜期前半个月左右，用新王更换老王。

2. 繁殖期适当控制群势

在流蜜期到来之前20天左右，当蜂群发展壮大、幼蜂大量增多的时候，可分期分批提出封盖子脾加强弱群，也可进行人工分群。这样既能控制分蜂又能增加蜂群数量。

3. 及时取蜜

在蜜源比较丰富的情况下，蜂群有时会出现蜜压子圈的现象。此时要及时取蜜，使蜂王有产卵空间，这样可以消除蜂群的分蜂情绪。

4. 生产王浆

蜂群强大后会产生分蜂情绪，其很大原因是哺育力过剩。强群采取连续生产王浆的办法，充分利用工蜂哺育力，可以有效地避免分蜂。

5. 造脾

淘汰劣脾，积极造脾，把陈旧的、雄蜂房多的、不整齐的劣脾及早剔除，加巢础框多造新脾。这样既增加了蜜蜂的劳动量，缓解了分蜂情绪，同时又扩大了产卵圈。

6. 割除自然王台

蜂群出现分蜂热后，工蜂不断地造台基，蜂王在其中产卵。从产卵到王台封盖需要8天时间，因此应每隔7天定期逐脾检查，在封盖前将王台（图2-15）毁除。

图2-15　自然王台
（引自 http://cyberbee.net/gallery）

7. 适时加脾

适时加脾，扩大巢门和蜂路，改善蜂巢的通风状况，缓解蜂群的拥挤情况，使蜂王有充足的产卵空间，蜂群经常处于积极状态。

8. 蜂王剪翅

蜂王剪翅虽不能抑制分蜂，但可保证分出群不能飞走。剪翅时间一般是在蜂群出现分蜂征兆时，将蜂王一边前翅剪去2/3（图2-16）。当发生分蜂时，蜂王就会跌落在巢门前，分出的蜜蜂很快就会返回原巢。

图2-16　蜂王剪翅
（引自 http://www.beeman.se）

9.分蜂热的蜂群处理

除割除王台外，一是加卵虫脾，把巢内封盖脾全部抽走，把新分群和弱群的卵虫脾调入，使一框蜂有一个卵虫脾，由于哺育工作加重，会抑制分蜂热；二是加空脾，把群内子脾或封盖子脾全部提出，换上空脾和一部分巢础框；三是和弱群调换蜂箱位置，以减少蜂数，降低群势。一旦发生分蜂，要设法收捕分蜂团（图2-17）。

图 2-17 收捕分蜂团

第十节 王种选育

选育王种一般在春季，第一个蜜粉源植物花期，其他花期也可培育一定数量的蜂王，随时更换老劣蜂王。

一、人工育王的条件

蜂群建造优良的王台，是在蜜粉源丰富的阶段。如果是移虫育王，幼虫期需要3 ~ 4天，封盖子期8天，交尾期8 ~ 9天，处理期1 ~ 2天，再加上使用期3 ~ 4天，共需要23 ~ 27天。如果是移卵育王，则需要27 ~ 31天，故应有连续30 ~ 40天的蜜粉源，如果条件达不到，必须保证群内有充足的饲料。

雄蜂性成熟期是在羽化12日龄以后，19 ~ 20日龄最佳；蜂王性成熟期则在羽化出房5日龄后，8 ~ 9日龄最好。雄蜂交尾期比蜂王交尾期仅仅多出雄蜂的发育期而已，也就是说，雄蜂羽化出房后，在等待性成熟的19 ~ 20天，就是幼虫培育的蜂王从幼虫到性成熟可以交尾这一段时间20 ~ 21天，亦即雄蜂出房时，就幼虫育王，则二者的性成熟期可以吻合。故在养蜂生产上，有句话叫“见到雄蜂出房即可着手育王”的俗语。

育王所用的蜂群应健康、无病、具备龄蜜蜂，尤其是哺育蜂。蜂场育王必须具备以下条件：蜂场里拥有可作父、母本的蜂群；蜜源比较丰富；气温稳定在20℃以上；交尾期要避开雨季；同时有强健的哺育群和大量性成熟的（10 ~ 30日龄）种用雄蜂。

人工育王各阶段的操作时间安排，见表2-2。

表2-2　人工育王各阶段的操作时间安排

育王环节	操作开始时期	育王环节	操作开始时期
选择和组织父群	培育雄蜂前1 ~ 3天	组织交尾群	蜂王出台前1 ~ 2天
培育雄蜂	复式移虫前16 ~ 31天	分配王台	蜂王出台前1天
选择和组织母群	复式移虫前8 ~ 10天	蜂王出台	复式移虫后12天
培育移虫小幼虫	复式移虫前4 ~ 5天	蜂王交尾	出台后8 ~ 9天
初移	复式移虫前1天	蜂王产卵	交尾后2 ~ 3天
复移	见到雄蜂出房或出台前12天	蜂王提用	产卵后2 ~ 3天

注：引自周冰峰，2002。

二、育王用具

育王用具有育王框、蜡碗棒、移虫针等。育王框与生产王浆的框基本相同。

蜡碗棒顶端必须打磨成十分光滑的半圆形，半圆直径为7 ~ 8毫

图 2-18 蜡碗棒

米，端部10毫米处的圆柱直径为10毫米左右（图2-18），蜡碗棒根据用量分单根和多根两种，但其端部都必须保持在同一平面上，以保证所制蜡碗深浅一致。

移虫针有塑料质和牛角质两种材料制成的单舌移虫针和弹力双舌移虫针。不论哪种移虫针，端部都制成宽1 ~ 1.5毫米、厚约0.1毫米的具有弹性的舌装薄片（图2-19）。双舌移虫针，下舌起虫，上舌推浆，较易掌握，效果较好。研究表明，移虫时，虫龄越小，培育出的蜂王越好，所以育王时移卵更好。

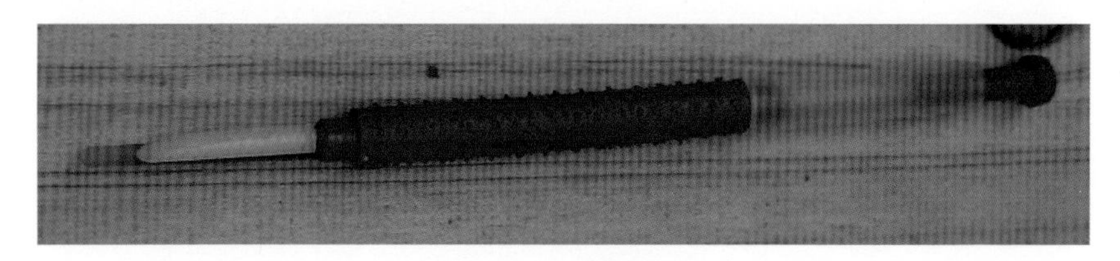

图 2-19 双舌移虫针

三、培育种蜂群

育王的种用群要选择有效产卵力高、采集力强、分蜂性弱（能维持强大群势）、抗逆性和抗病力强及体色比较一致的蜂群。母群的数量根据育王数量而定，100 ~ 200群的蜂场，选择3 ~ 5群就足够了。父群则要多一些，大约需要25群。这样同期成熟的雄蜂数量多，可保证利用雄蜂的空间优势，避免近亲交配。父、母群的选择工作，须在育王前一个月着手进行。春季育王，父、母群的群势不应低于8脾。

育王期间无论外界蜜、粉源如何，都应坚持每天给哺育群饲喂一定量的糖水和花粉。此外，还应做好保温工作，尤其是早春季节。育王群尽可能避免开箱检查，更不要调动和移动巢脾。饲喂时，只要掀开覆布的一角就可，并且动作要轻快，以免引起蜂群内的温、湿度波动和蜂群骚动，影响哺育工蜂正常地哺育蜂王幼虫，以及所培育的蜂王的发育。育王群的组织见图2-20。

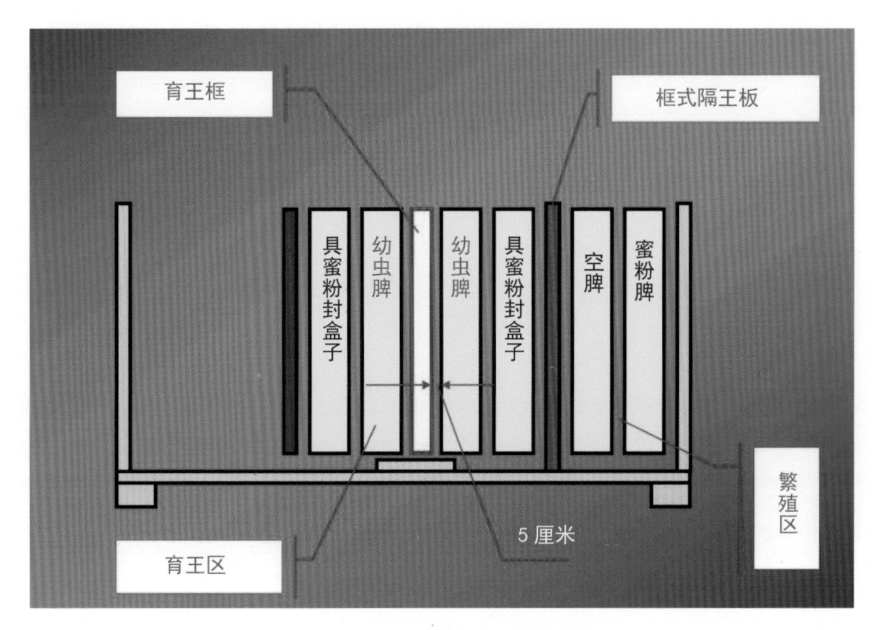

图 2-20　育王群组织（引自方文富）

四、育王的方法

移虫前，需要先蘸制蜡碗。选用纯蜂蜡（由脾熔化而得）放入瓷杯中，加入少量水，放在火炉或沸水中加热熔化。然后将蜡碗棒在清水中蘸一下取出，浸入蜡液9 ~ 10毫米，立即提起。蜡碗棒上的蜡液凝固后再浸入，反复2 ~ 4次，动作要轻快，在蜡液中不能停留过长，这样就蘸制成底厚边薄的蜡碗，然后快速将其粘在育王框的台基条上，用手旋动棒端的蜡碗，使其脱离蜡碗棒，就形成一个个大小一致的蜡碗，每个台基条粘8 ~ 12个即可（图2-21）。粘好蜡碗的育王框，即插入育王群内，让工蜂清理，过3 ~ 4小时，待工蜂清理好，蜡碗口微显收口时，即可取出移虫。也可直接用取过数次王浆的塑料浆条代替蜡碗。

移虫工作应在气温达20℃以上，空气湿度适宜的室内进行。从育王群内取出育王框和幼虫脾，立即着手移虫。移虫时，从幼虫背部方向轻轻挑起幼虫，移入台基时，不可让幼虫翻转。也不可把蜂王浆覆盖在幼虫上，把幼虫安放在台基底部正中。移虫后，应给育王群饲喂蜜水和花粉。

图 2-21 育王框

第二天应尽快检查移虫的接受率，如果达50% 以上，不必再补移。5天之内不再开箱检查。移虫后第十天，就要把成熟的王台，去劣留优，介绍到交尾群中去。在整个移虫、育王过程中，切忌震动，否则会损害幼虫的正常发育。人工育王的过程见图2-22。

（a）将蜡碗棒在清水中蘸一下

（b）放入蜂蜡中蘸蜡

（c）用手轻轻取下蜡碗

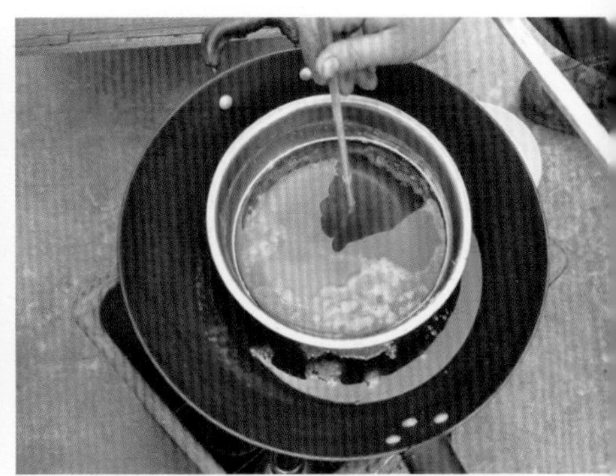

（d）用枝条蘸蜡在育王框上

（e）用枝条蘸蜡在育王框上

（f）将蜡碗粘在育王框上

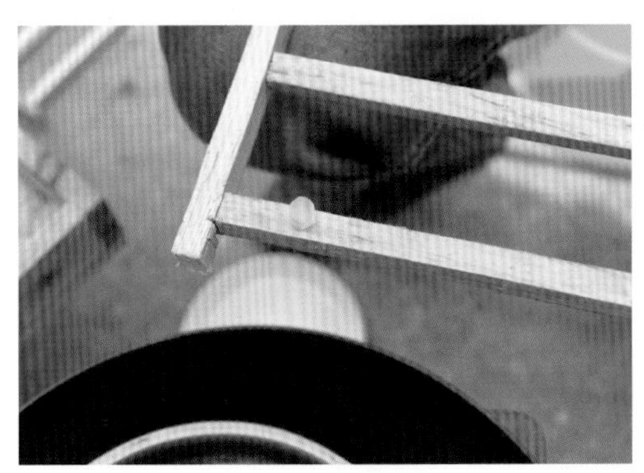

（g）粘好的蜡碗

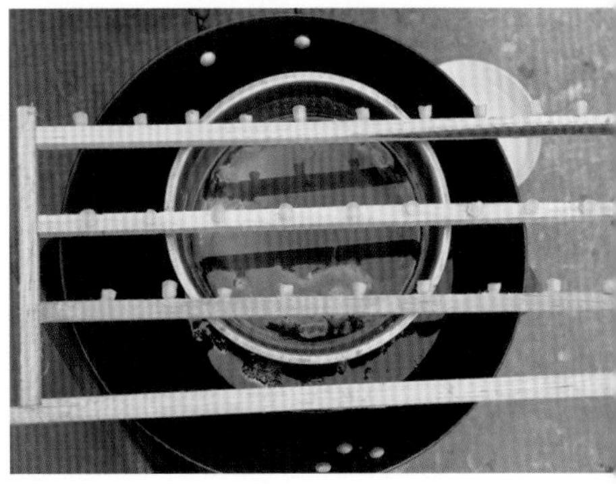

（h）制作完成的育王框上

图 2-22

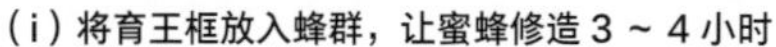
（i）将育王框放入蜂群，让蜜蜂修造 3 ~ 4 小时

（j）取出育王框并移虫

（k）10 天后取出育王框

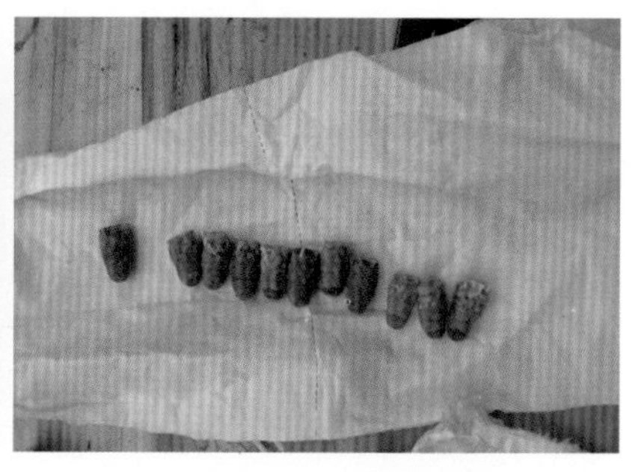

（l）刀割下王台并介绍到交尾群

图 2-22　人工育王的过程［（a）～（h）郭军摄，（i）～（l）王瑞生摄］

五、组织交尾群

组织交尾群前要准备好交尾箱。交尾箱一般用普通标准箱，用木制隔离板隔成2 ~ 4小室，前后左右各开一个小巢门，每室可放1 ~ 2个巢脾（图2-23）。各室之间分隔要严密。绝对不可让工蜂或蜂王互通空隙。

育王时，在移虫后第9天或第10天就应组织交尾群。每个交尾群都应有蜜、粉脾和即将出房的封盖子脾，也可带些大幼虫。提入交尾群的脾应是幼蜂多的脾。同时也可将一张幼蜂多的巢脾，将蜂抖入交尾箱内，即或老蜂飞回原群后，交尾箱内仍能保持蜂脾相称。提脾和抖动时，千万不要把蜂王带入交尾箱内。交尾群组织好后，立即搬离大群10米以外的地方，放在有明显标志（树、灌木、石头等）旁，锄去巢门前的杂草。两个交尾群间的距离2 ~ 3米。

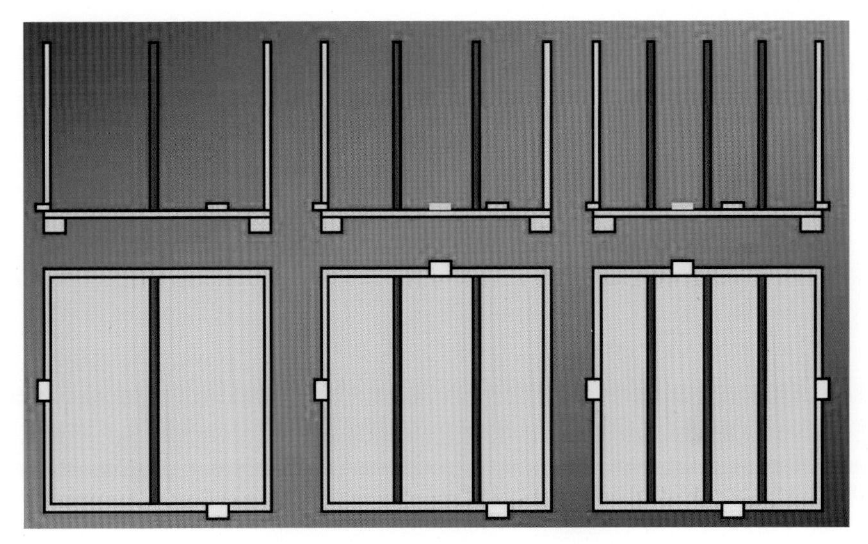

图 2-23　交尾群的组织类型（引自方文富）

移虫后11天，在处女王即将出房前，必须将王台割下，分别诱入各交尾群中。诱入时，先在巢脾中部偏上入，用手指按一个长形的凹坑，然后将王台基部嵌入凹坑内，端部朝下，便于处女王出房。诱入王台还要注意下列事项：① 诱入王台前，要检查交尾群内是否有急造王台，若有，应立即毁掉；② 如连续使用交尾群，前一个已交尾蜂王提走后，马上诱入王台，易被工蜂毁掉，可将王台保护好，再固定在巢脾中上部；③ 育王框或单个王台，切忌倒放、丢抛和震动；④ 诱入王台时，两脾之间不要挤压，如发现小而弯曲的王台，应立即淘汰。

王台诱入的第二天傍晚，对所有交尾群进行一次检查，了解处女王出房情况，发现死王台、失王或质量不好的处女王，应立即淘汰，重新补入王台或处女王。之后，5天之内不要开箱检查。处女王出房的第六天，检查交尾情况，已交尾者，应按编号登记，或在箱上做上记号。15天以后，应全面检查是否产卵，凡未产卵和交尾的处女王，应予淘汰。

从组织交尾群开始，应喂足饲料，预防盗蜂。早春日夜温差大，应注意保温。检查时，动作要轻，以免造成围王或处女王飞逃。由于处女王交尾在空中进行，又具有一雌多雄现象，并喜欢异品种交配，这就给控制交尾造成困难。山区控制范围半径应在10千米以上，平原应在20千米以上，这样才能保证本场培育的处女王与种用雄蜂交尾。

六、介绍新蜂王

在引入新蜂王之前，须提前1天检查蜂群，将原群蜂王取出，若箱内有王台，应清理干净，第2天将新王或者成熟王台引入蜂群。对于购买的新王，可先放走饲喂蜂，然后将邮寄王笼置于无王群相邻两脾中间，3天后无工蜂围困王笼时，再放出蜂王。

第十一节　人工分群

人工分群就是利用蜂群具有自然分蜂的特性，根据生产需要人为地将一群蜜蜂分为两群或数群。

1.均等分群法

具体做法是：把蜂群向左（或右）挪开一个箱位，然后在原群的左侧（或右侧）摆放一个干净的空蜂箱，接着把原群里的子脾、蜜脾、粉脾连同蜜蜂提出一半放到空蜂箱里去，蜂王留在原群或提到新箱里均可，随即给无王群做个标记。经过1天后，无王群出现失王情绪后，便可诱入一只优质产卵的新蜂王（图2-24）。

（a）选择要分蜂的蜂群

（b）将蜂箱挪动一小段位置

（c）将空箱放在原蜂箱的位置

（d）提脾（无王）放入空蜂箱

（e）调整蜂路盖好蜂箱

图2-24　均等分群法

原群分为两群后，由于外勤蜂回来时，在原箱位找不到蜂箱，就会随机进入左右两个蜂箱。如果发现外勤蜂偏集在某一群内，可把该箱再移开一些，把另一箱向原群位置靠近一些，尽可能让两群蜂的外勤蜂数量相等。

为了达到增产的目的，分蜂应在大蜜源到来的前40 ~ 50天进行，经过一个多月的繁殖，可以发展成为较强的生产群势。

2. 非均等分群法

把一群分为不相等的两群，其中一群仍保持强群，另一群为小群，将老王留在强群内，给小群诱入一只产卵王。也可诱入一个成熟王台，或一只处女王。

具体做法是：从一个达12框以上的强群里提出3～4张老封盖子脾和蜜、粉脾，并带有以青、幼年蜂为主的2～3框蜜蜂，放入一个空箱内，组成一个无王的小群，搬离原群较远的地方，缩小巢门，过1天之后，诱入一优质产卵王或成熟王台，或处女王即可。分出后第二天，应进行一次检查，如发现因老蜂飞回原群而蜂量不足，可从原群抽调部分幼蜂补充。

补蜂时，应注意下面几点：① 给小群补蜂应分几次进行，1次只能补1～2张子脾，第一次从原群提带幼蜂的老封盖子脾，第二次可从任何一群内提老封盖子脾，抖去蜂补入小群，但一定不要把蜂王带入小群内；② 外界蜜源缺乏时，易发生盗蜂，补蜂宜在傍晚进行；③ 从强群提调带幼蜂的老蛹脾，提出量要适当，以不影响该群的生产力为原则，宁少勿多。

非均等分蜂法的优点是：既能增加蜂群的数量，又无降低原群生产能力的危险。尤其是被提调蜂、脾的蜂群，由于幼蜂减少，可以预防强群产生分蜂热。缺点是：补蜂工作量较大，如果分出的小群数量大，蜜源到来时，还发展不起来，则会影响生产力。

3. 一群分出多群

为了育王的需要，将一个强群分为若干小群，每群2～3脾，有一张蜜、粉脾和1～2张子脾。保留着老王的原群留在原址，其他小群诱入一只处女王或成熟王台，待处女王交尾成功后，就成为独立的蜂群。如蜂王交尾产卵后，需提出介绍入其他群内，还可继续补蜂，再介绍一个王台。如不需继续育王，可合并于他群之中。

4. 多群分出一群

选择晴天蜜蜂出巢采集高峰的时候，分别从超过10框蜂或7框子的蜂群中，各抽出1～2张带幼蜂的子脾，合并到1只空箱中。第2天将巢脾靠拢，调整蜂路，介绍新蜂王。

第三章

蜂群夏季管理

夏季蜂群进入强盛阶段，抗病性增强，是蜂场生产的黄金时期。本阶段蜂群管理要注意为蜂群降温，保持蜂群食料充足，及时更换劣王，并注意预防敌害与农药中毒。越夏期的管理要点如下。

① 降温是中蜂夏季管理重点，防“秋衰”现象。

② 保证群内有充足的饲料，尽量繁殖蜂群。

③ 场地选择在树荫之下，注意遮荫和喂水。

④ 利用山区“立体蜜源”特点，转地至山区有蜜源的地方。

⑤ 注意防治胡蜂、蟾蜍、巢虫、蚂蚁、天蛾等敌害。

⑥ 加强通风，扩大蜂路，并做到脾多于蜂。

⑦ 少开箱检查，如需检查应早晚进行，预防盗蜂的发生。

第一节　长江以北有主要蜜源的地区

1. 防暑遮荫

入夏后气温上升很快，白天有时气温高达37 ~ 42 ℃，必须将蜂箱置于树荫之下（图3-1），或搭棚遮荫（图3-2），没有条件的蜂场可以用木板等临时遮荫（图3-4），绝不可把蜂箱放在阳光下暴晒。同时在巢门外置喂水器，喂水或淡盐水(含盐量0.3%)帮助降温，要开大巢门，以利蜜蜂振翅扇风降温。

图 3-1　树荫下的蜂场

（a）简易遮荫棚（一）

（b）简易遮荫棚（二）

（c）铁架遮荫棚

（d）木板遮荫

图 3-2　搭棚遮荫

图 3-3　胡蜂巢
（引自 http://cyberbee.net/gallery）

图 3-4 用木架支起蜂箱

2. 防敌害

夏季蜜蜂的主要敌害有胡蜂（图3-3）、蛤蟆、蜘蛛、蚂蚁等，山区以胡蜂为多，潮湿地区以蛤蟆为多。可将蜂箱垫高10 ~ 15厘米，以防蛤蟆（图3-4），并经常捕捉胡蜂、蛤蟆等。夏季应根据具体情况，适当治螨，但每次治螨都会影响王浆产量。

3. 防农药中毒

为了减少农药对蜂群的毒害，养蜂人员应主动与施药人员加强联系，以便做好防范准备。遇到大规模喷药前，应把蜂场及时搬到另外一个场地放养，或者转移到3公里以外的地方去躲避，过几天再返回。

4. 蜂群的生产管理

流蜜期蜂群一般的管理原则是：维持强群，控制分蜂热，保持蜂群旺盛的采集积极性；还应兼顾流蜜期后的下一个阶段蜂群管理。

在流蜜期中，一般用强群、新王群、单王群取蜜，用弱群、老王群、双王群恢复和发展。

流蜜阶段的取蜜原则应为初期早取、盛期取尽、后期稳取。在越冬前的流蜜阶段还应贮备足够的优质封盖蜜脾（图3-5），以作为蜂群的越冬饲料。

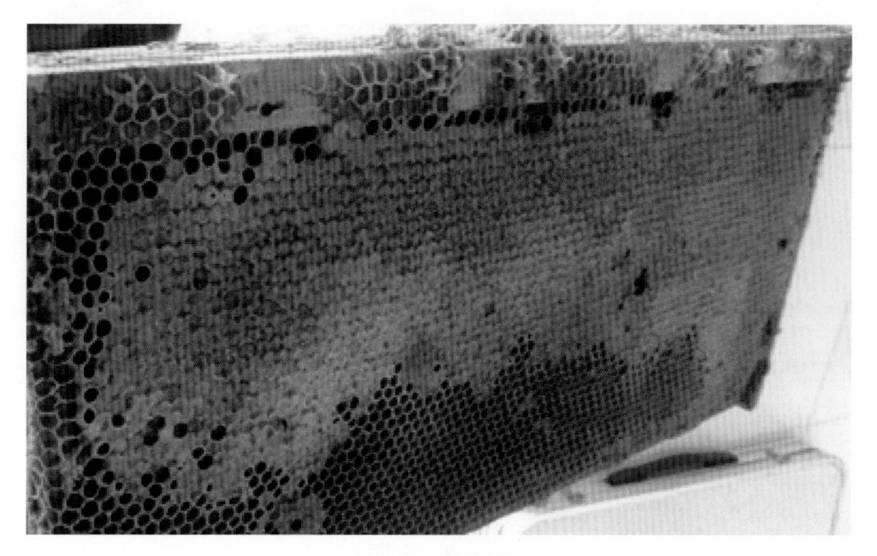

图 3-5　封盖蜜脾

流蜜阶段初、盛期应控制分蜂热。在流蜜期，应每隔5 ~ 7 天全面检查一次育子区，一旦发现王台和台基就全部毁除。流蜜后期应留足饲料、填塞缝隙、缩小巢门、合并调整蜂群和无王群，还要减少开箱，慎重取蜜操作。

在长江中下游地区，乌桕花期蜜粉充足（6月10号左右开花），有利于蜜蜂繁殖，可根据情况适时取蜜。一般不要脱花粉，主流蜜期在6月下旬至7月下旬，此时荆条也开花，是蜂蜜、蜂王浆丰产的时期。荆条流蜜期蜜蜂天敌逐渐增多，山区多胡蜂、蜘蛛等天敌。这时也是农民对水稻使用农药的高峰期。因此蜜蜂群势下降较快，王浆产量也随之下降。到7月下旬，蜂场周围若无芝麻等辅助蜜粉源，就应该考虑转场地，或停止取浆取蜜，为蜂群留足饲料。在没有蜜源的地方，或者采完一个蜜源，第二个蜜源植物还没有开始的一段时间，要注意补饲糖浆和喂饲花粉以防饥饿。

第二节 在江浙等只有辅助蜜源的地区

为了能保持强群越夏，箱内应留足饲料，更换产卵差的老蜂王，对弱群要进行合并，或者组成双王群，还要做好防暑、防敌害等工作。此外，采用强群和新分群互换巢脾来调整群势的方法，即把新分群已产满卵的巢脾或者连同幼虫脾(哺育能力不足的话)，调到强群中去哺育，同时，把强群中已出房60%的老封盖子脾补充给新分群，以充分发挥强群的哺育力和新分群蜂王的产卵力，促使蜂群迅速强壮，为秋季产蜜和繁殖打下坚实的基础。

第三节 长江以南无蜜源的地区

在南方，越冬容易，越夏难。5月中旬后，在春季主要蜜源花期相继结束，除大转地养蜂外，一般定地养蜂的蜂群进入了越夏的缺蜜期，时间大致从5月中旬到8月中旬，约3个月左右。此期外界气温高，蜜粉源缺乏，敌害严重，这时候蜂王会自动停卵或产卵量低，这时是一年中蜂群管理的困难时期，稍有疏忽，蜂群将很快下降，进而影响秋季生产。所以蜂群越夏管理的目标是减少蜂群的消耗，保持蜂群的有生力量，为秋季蜂群的恢复发展打好基础。

换王可在龙眼流蜜期结束之后，乌桕树流蜜期间完成。每蜂箱一定要留足5～8千克越夏蜜。应在油菜、紫云英或乌桕花期，注意留足蜜粉脾，在开始出现缺蜜、缺粉迹象以前就要加入巢箱，及时防止群内造成蜜、粉不足的现象，以维持蜂王适量产卵，减少工蜂在酷热条件下的采集消耗。同时要加强喂水，注意遮荫增湿，预防病害，在高温季节中对蜂群的管理要细致，原则上是多观察、少检查，减少对蜂群的惊扰。

第四章

蜂群秋季管理

秋季的蜂群管理至关重要，直接影响着第二年蜂群的发展和蜂产品的质量。蜂群的秋繁期一般始于当地一年中的最后一个花期，华北及西北地区秋繁一般在8月下旬至9月；东北三省一般在8月；长江中下游地区一般在9～10月；有零星蜜源的长江以南地区，越冬蜂繁殖一般在10～11月。秋繁需要21～30天，一般以21天为好。秋繁的工作内容包括更换蜂王，防治蜂螨，紧脾奖饲，防止盗蜂和胡蜂的危害，调节巢温，及时断子，留足越冬饲料等。秋季蜂群的管理要点如下。

（1）育王、换王　秋季花蜜、花粉均丰富，培育一批优质蜂王（强群育王），换去老劣蜂王，以秋王越冬，有利于早春繁殖及蜂群加快繁殖速度。

（2）培育适龄越冬蜂　越冬前培育一批没有参加过采集和哺育的健壮工蜂越冬。

（3）冻蜂停产　气温下降，蜂王产卵量减少，利用寒潮，扩大蜂路，撤去保温物，让蜂王停止产卵。

（4）补足越冬饲料　越冬饲料和质量和数量，直接影响蜜蜂的安全过冬，越冬包装之前，将优质蜂蜜或浓糖浆补足，供蜜蜂越冬消耗。

第一节　更换蜂王

换王前必须对全场蜂王进行一次鉴定，分批更换（图4-1）。

更换蜂王时，先要把淘汰的蜂王取出放入王笼中集中存放（图4-2）或无王蜂群，要把王台毁除干净后，再诱入蜂王。

图4-1　检查全场蜂群的蜂王

图4-2　取出淘汰的蜂王放入王笼集中存放

诱入蜂王前两天最好对被诱入蜂群进行奖励饲喂，诱入蜂王后不要急于开箱检查。

最好采用间接诱入法，把蜂王和数只幼蜂放入蜂王诱入器（图4-3）内，放在子脾上有些蜜的地方，过2 ~ 3天后，没有蜜蜂紧围器外，并有蜜蜂饲喂蜂王时，就可把蜂王放出。

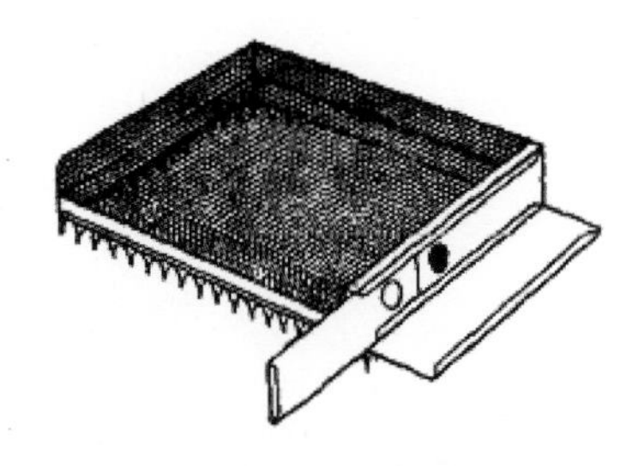

图 4-3　蜂王诱入器
（引自 http://www.humyard.cn）

第二节　培育越冬蜂

越冬蜂群强弱，尤其是越冬适龄蜂的多少，对于蜂群能否安全越冬和下一年生产的影响很大。在培育越冬蜂时，到了一定的时候要迫使蜂王停止产卵。例如，在西北地区，蜂王停止产卵的时间，宜在9月中下旬，使最后一批幼蜂能在10月中旬全部出房，以便它们在越冬前来得及飞翔排泄。在浙江，蜂群在11月中旬至12月上旬应迫使蜂王停产，这样出房的新蜂在晴天都能飞出排泄。

培育适龄越冬工蜂的时间，要根据当地的蜜源和气候条件而定。蜜、粉源条件是培育适龄越冬蜂的物质基础。

巢门对巢温的调节作用很大，晴暖的中午，气温常可在20℃以上，就要适当扩大巢门，以利通风；而傍晚就应缩小巢门，以利于蜂群保温。

第三节　贮备越冬饲料

越冬饲料的质量和数量，直接影响蜜蜂的安全过冬。留蜜脾的数量按越冬期的长短来确定，在北方越冬的蜂群每框蜂留一框封盖蜜脾（图4-4）或全封盖蜜脾（图4-5），严寒地区每框蜂留1.5框蜜脾，在南方繁殖的每框蜂留0.5 ~ 1框蜜脾。此外，还要留些角蜜。除蜜脾外还须为蜂群储备粉脾（图4-6），以备越冬后繁殖蜂群用。在北方繁殖的每群蜂需要留2 ~ 2.5框粉脾，在南方繁殖的每框蜂留1.5 ~ 2框粉脾。对这些保存的蜜脾和粉脾应妥善消毒保管，同时注意防止巢虫。

图 4-4　封盖蜜脾

图 4-5　全封盖蜜脾

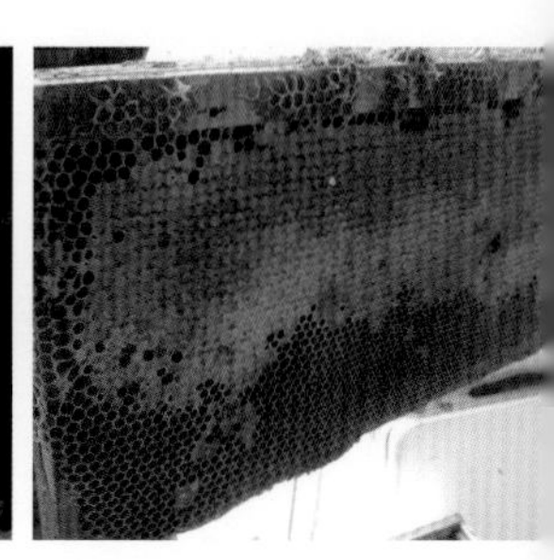
图 4-6　粉脾

当培育越冬蜂的阶段基本结束时，检查蜂群中的饲料情况，巢内留蜜不够的就要加紧喂足。蜂群补喂越冬饲料，应为不易结晶的优质洁净蜂蜜，或优质白砂糖。

第四节　预防盗蜂

秋季蜜源终止时，常易发生盗蜂，还易发生胡蜂危害。一旦发生盗蜂或胡蜂危害，蜂群会造成很大损伤。盗蜂还易传播蜜蜂疾病。饲养管理上应将蜂群巢门缩小。喂饲、检查蜂群等工作应早晚进行。并注意不要将糖汁或蜜水滴于箱外。

第五节　适时断子

当秋繁蜂群繁殖到5 ~ 6张子脾，发现蜂王产卵速度开始下降，头一批蜂子出房时，就应采取适当措施，使蜂王停止产卵。控制蜂王产卵可采用囚王笼将蜂王囚禁（图4-2），使其停止产卵。也可在秋繁后期，开始以蜜粉充塞巢房，压缩蜂群产卵圈，甚至可用蜂蜜或糖水浇灌已产上少量卵的巢房（图4-7），让蜂王无产卵空间。也可将蜂群搬到阴凉处，巢门朝北，蜂路扩大到15 ~ 20毫米，创造蜂王提早断子，蜂群结团的环境。

囚王后有利于治螨和换脾，能提高越冬蜂质量，还可让蜂王休养生息。

图4-7 少量卵的巢房

第六节 防治蜂螨

秋季治螨分为两步，第一步在秋季育王时进行，要组织交尾群时，把蜂群内的全部封盖子脾提出（图4-8），然后于当晚或次日就开始治螨，可用水剂杀螨药剂，喷雾于蜂体上治螨，隔天1次，连续2 ~ 3次。待新群子脾出房后，再对新群进行治疗。第二步，在蜂群囚王断子后进行治螨。

图4-8 提出封盖子脾

目前比较省事的治螨方法是，在蜂群巢门口的巢脾蜂路间及继箱上的巢脾蜂路间各挂一片长效螨扑片（市场有售），即可起到秋季治螨的良好效果。如蜂群群势不强，无继箱，只需在巢箱内挂1/4片或半片螨扑片即可，放入方法如图4-9所示。如蜂场继续从事蜂产品生产活动，则不能治螨。

治螨前应先喂蜜，以增强蜜蜂抵抗力，同时蜜蜂食蜜后腹部伸长，躲在腹部节间膜里的蜂螨会暴露出来。此外，在蜂群无子情况下，用药治螨可能使蜂王停产，影响越冬蜂培育。因此，在人为断子前蜂群中必须留虫、卵脾，以刺激工蜂继续工作，提高蜂王产卵的积极性，并有利于保持蜂群中各龄蜂的比例。

（a）插入两个巢脾之间

（b）用小木条将螨扑片架在两个巢脾上

图4-9 螨扑片的放入方法

第七节 秋季茶花期管理

茶花种植面积广，花期长，茶花粉是培育越冬蜂的优良粉源，但茶花蜜却会引起幼虫和成蜂中毒，造成烂子。茶花是全年最后的一个蜜粉源，一旦烂掉至关重要的越冬适龄蜂的子脾，就会造成重大损失。因此，要认真做好以防止茶花烂子为中心的管理工作，充分利用宝贵的茶花花粉来培育越冬蜂和贮备花粉脾。

1. 培育采集蜂

在采茶花粉之前应培育足够的采集蜂。在芝麻等上一个蜜源初中期要造新脾供蜂王产卵。把造好的新脾放入巢箱内，再把老脾调到继箱中，以便后期处理。每箱蜂可造2 ~ 3个新脾供蜂王产卵，这时巢箱内的子脾应保持不超过6脾。到芝麻花后期，可根据蜂群情况把继箱上的老脾撤掉。等到新脾上工蜂出房，蜂群繁殖成强群，茶花期就能获得花粉、王浆高产。

在荞麦蜜源结束后，转到茶花区的蜂场容易起盗。防止起盗的方法是：在转运前的几天，把箱内的荞麦蜜全部摇出来，使巢房里的蜜都清理干净。第二天开始饲喂糖水，饲喂两天后再装车转运。这样箱内的荞麦蜜气味已经散去，蜂群到新场地后就不会起盗。

2. 防止茶花烂子

蜜蜂采茶花烂子的主要原因是茶花蜜含有不适合幼虫消化的物质，幼虫食后会引起消化不良而死亡。为此，在茶花流蜜期采用冲淡茶蜜浓度、减少进蜜数量、喂食药物等方法减轻或防止中毒。

在茶花进蜜时，每晚每个继箱群喂饲料0.5千克左右，如果天气晴好，进蜜多，就要相应增加喂饲量。用冲淡茶蜜浓度的办法来减少不易消化的物质，原则是进蜜越多，饲喂越多。每天喂饲要分2次进行，即进蜜开始和傍晚各喂一次。雨天或下霜后可以不喂或少喂。也可以饲喂含米醋或柠檬酸的饲料，在每50千克糖水加入1 ~ 1.5千克的米醋或柠檬酸。米醋是指用大米做的醋，不能用化学醋（即白醋）。要及时摇出巢内茶花蜜，尽量减少积存。在茶花流蜜期结束，必须摇出全部茶花蜜，另喂优质白砂糖或蜂蜜，也可用预留的蜜脾调出茶花蜜脾，绝不能用茶花蜜作越冬饲料，否则越冬期会出现大肚病。另外，放蜂场地应选择既有茶花又有山花或其他蜜源的地方，使蜜蜂采集多种粉蜜，而减少蜂巢中的茶蜜成分。

3. 多采花粉

茶花期蜂群会粉蜜压卵圈，导致巢中卵虫少，蜜蜂采集的茶花蜜集中喂少量幼虫，以致中毒严重，因此要用脱粉器，多生产茶花粉。一般用孔径为4.3毫米的脱粉器，脱粉多，巢内花粉少（图4-10）。但由于孔径小，会使蜂身体受伤，影响工蜂寿命。部分蜂场初期以孔径4.3毫米脱粉器多脱花粉，中后期改用4.7毫米脱粉器适量脱花粉，做到少伤蜂，蜂巢内有适量的花粉供繁殖需要，蜜蜂采粉积极，花粉总产量高。

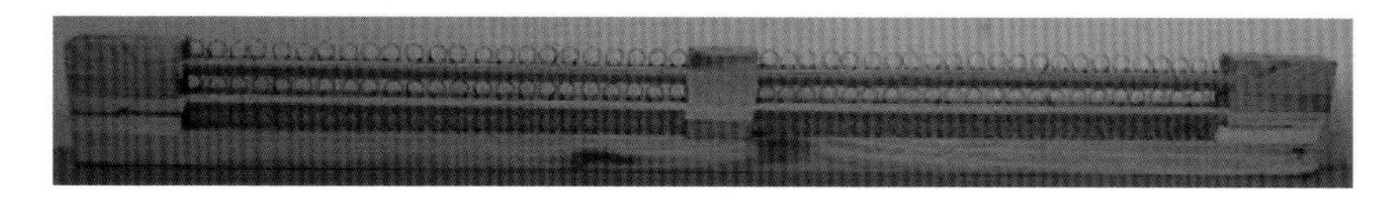

图4-10 脱粉器

4. 主副群繁殖

利用了茶花蜜源，延长了产浆时间，增加了经济收益，但也占去了秋繁的时间，打破了原来的生产模式。管理上要进行妥当的安排，使产浆与秋繁相结合，以弥补秋繁时间之不足。在茶花期可采用10框蜂为主群和2框蜂为副群的主副群繁殖，操作方法是主群加继箱按上6下5排列。巢箱里放出房封盖子脾、空脾、蜜粉脾、卵脾，继箱里放虫脾、蜜粉脾，浆框插在虫脾和蜜粉脾之间，蜂王用继箱隔王板限制在巢箱内繁殖。每隔4～6天，调整幼虫脾一次，从副群巢箱抽出刚孵化的虫脾换继箱中的出房封盖子脾或空脾，间隔期不要超过6天，以免幼虫过大发生烂子。这种先以副群补主群，后以主群扶副群的饲养方法，茶花期强群可以多产王浆，副群可以多产子，避免蜜粉压子圈和烂子。蜜蜂新采的茶花蜜不喜贮放继箱的巢脾上，而贮存在巢箱中进巢门的巢脾巢房里，因此，进巢门的幼虫先烂子，巢箱里不放虫脾，继箱里放虫脾，在继箱喂糖浆，使继箱中的幼虫少食茶花蜜，不中毒或少中毒。

因茶花期天气干燥，这个时期繁殖与春季相反，春繁蜂巢要防潮湿，而茶花期繁殖蜂巢要补湿。若幼虫出现不饱满现象，可将稻草浸湿，放在箱内隔板外补湿。

5.适时育王、囚王培育越冬蜂

茶花期培育适龄越冬蜂的关键措施是适时育王、囚王。长江中下游地区，最佳适龄越冬蜂是茶花期11月初至12月上旬蜂王产的卵，此时气候适宜、蜜粉丰富，幼虫营养充足，先天发育良好。新蜂出房时，巢内已断子，并留足优质的蜜粉饲料，它们吃足蜜粉，不需哺育、酿造，未经过采集活动又进行飞翔排泄，因而度过一个多月的越冬期，到次年开始繁殖时，虽是越冬蜂，却哺育力强，为春繁奠定基础。10月初，茶花开始流蜜吐粉，并有山花开花，外界气候适宜，巢内蜜粉充足，这时可开始育王，到10月底交尾成功后，11月初开始产卵。到12月上旬囚王停产。应注意让蜂王逐渐停产，慢慢适应囚王生活，以避免因蜂王在旺产时立即用王笼囚王所造成的生殖障碍。可在11月底有意让粉蜜压子圈，促王缩腹少产。

第五章

蜂群冬季管理

第一节 越冬期蜂群的特点

图 5-1 越冬蜂团

越冬蜂的更替时期：从早春第一批新蜂出房开始到越冬蜂全部被替换为止。华南地区蜂群没有越冬期，只有越夏期。长江流域以南地区，采茶花的蜂群，越冬期只有1 ~ 2个月，不采茶花的蜂群越冬期3 ~ 4个月。华北、东北、西北地区蜂群越冬期长达6个月以上。

特点：工蜂停止出巢飞行，蜜蜂结团抵御寒冬（图5-1），是全年蜂群最弱的时期，老蜂逐渐死亡。

越冬的主要任务：设法保证蜂群健康，延长工蜂的寿命，降低越冬蜂的死亡率，减少饲料消耗，给次年春繁创造有利条件。

管理特点：保证巢内贮蜜充足和数量足够的适龄越冬蜂。

越冬蜂群的管理要点如图5-2所示。

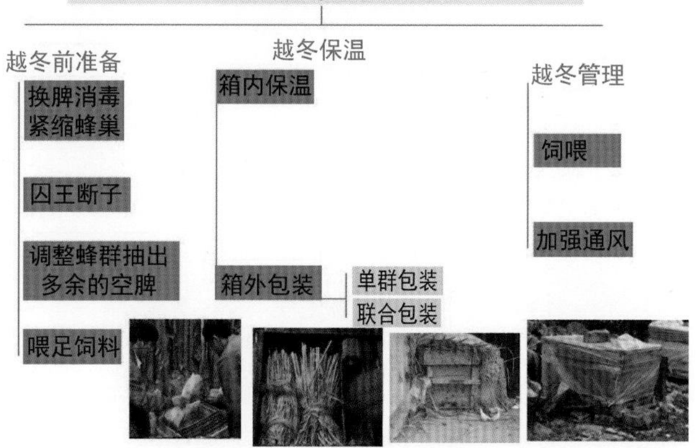

图 5-2 中蜂越冬管理技术

第二节 越冬蜂群的基本条件

蜂群安全越冬的基本条件：蜂强蜜足，加强保温，向阳背风，空气流通。

蜂群安全越冬应具有优良的蜂王，强健的适龄越冬蜂，群势在北方不少于6框蜂，在南方不少于4框蜂；具有充足的优质饲料，如按每框蜂计算，越冬期在2个月左右的饲料不少于2千克，在2～4个月的不少于2.5千克，在4个月以上的不少于3千克；进行过彻底的治螨；选择适宜的越冬场所，进行合理的包装。

安全越冬的蜂箱内温度应保持在1～4℃为宜，相对湿度应保持在75%左右为宜。所以冬季应尽量少开箱，减少震动。

第三节 越冬蜂巢的布置

当外界气温低于5℃时，所有的蜜蜂都在靠近巢门的位置集结成团（图5-1）。这时表层蜜蜂结成2.5～5毫米厚度不等的保温外壳，并钻入饲料储备区的空巢房里，与这些巢房紧合，从而形成与保温外壳的统一整体。

蜂团依靠吃蜜、运动产热，维持其外围气温在6～8℃之间，蜂团中心在13℃以上。蜂团外围的蜜蜂和团心的蜜蜂不断交换，使之不会冻僵脱离蜂团。根据越冬蜂团的这一习性，蜂巢布置要大蜜脾在外，半蜜脾在中心，对准巢门，蜂路适当放宽，在14毫米左右，让蜂团集结于中间偏下方。

双王群越冬的，把两群的半蜜脾分别放在靠近闸板处，整蜜脾放在半蜜脾的外侧，2个蜂群的蜂团会集结在闸板两边，互相保温。

第四节 调整越冬群势

根据当地气候情况，应将弱群适当合并到适合当地气温状况的合理越冬群势。已完成培育越冬蜂的老劣蜂王，这时可以淘汰，把蜂群合并

给邻群。如果老劣蜂王的蜂群势较强，可把弱群合并过来，另介绍1只新的产卵王。

因每年气候条件而异，并群时日不固定。只有当最低气温稳定在5℃以下，最高气温稳定在15℃左右，蜂群处于结团状态，无风晴天上午10时开始至下午2时为良机。一般在“小雪”前后。并群后巢箱内有8～9张大蜜脾，蜂团充满巢箱，能独立越冬群二合一或三合一，非独立越冬群多合一。

并群时，可手指插入脾间，一次提移3张脾，余脾放在并群的继箱上，附蜂用单根软枝条推离（蜂扫毛多，易激怒和扰飞工蜂），脾提出保存，尽量少扰飞工蜂，傍晚前没回巢的落地蜂，拾入容器，集中送回箱内。当最低气温低于0℃时，加盖覆布，低于−5℃时再加棉垫，要折起一角，在蜂团上放块吸足水的海绵。蜂箱安放在终日不见阳光的阴处为最好，若放阳光处，则巢门要背阳，放成单排，上盖厚厚的遮阳物，只为隔光热不是给蜂箱保温。在冬季晴暖天，要经常查看蜂场，发现问题，如光照、缺水、缺饲料等诱发的空飞，应及时处理。

第五节　越冬包装

1. 箱内保温

长江以南地区，越冬中期后，大约12月中下旬后，可作箱内保温。保温方法是，将蜂脾紧缩后放在蜂巢中央，两侧夹以隔板。两侧隔板之外，用稻草扎成小把填塞，先不要塞满，而弱群蜂箱空隙则可完全塞满，以防蜂群被冻死（图5-3）。

纱盖上面盖6～8层报纸，再盖一层小草帘，有利于透气防潮，还可在没有蜂团的一侧后箱角，把纱盖上的覆布或保温物折起一小角，强群可大一些，同时强群的巢门也可开大一点，这样可防止蜂群受闷。

2. 箱外包装

室外越冬的蜂场，蜂群摆放点要注意选择地势高燥、避风、安静、向阳的场所。越冬前期，场地周围最好没有任何蜜粉源，选择向阳背风安静的地点，以利于蜂群保持安静，不使新出房的工蜂外出采集，加重工作负担。如果将蜂群摆放在阴冷、潮湿的地方过冬，工蜂死亡率会增高，且易得大肚病，越冬效果较差。冬季温度较高的地区，如果存在对蜂群安全不利因素而选择了阴处过冬，也要十分注意，在越冬后期设法将蜂群搬到向阳面。

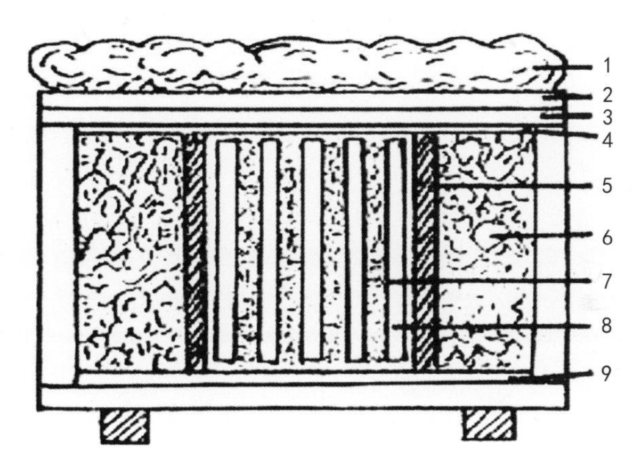

图 5-3　箱内包装顺序（引自龚飞，1981）

1—棉垫；2—报纸；3—副盖；4—盖布；5—隔板；6—保温物；7—蜜蜂；8—蜜脾；9—垫板

华北寒冷地区可先在箱内塞稻草把保温，在天气寒冷、气温较稳定后，开始做箱外保温。可把蜂群2 ~ 3个一组分组包装，也可成一排包装。包装时先将地面平整后，铺5 ~ 10厘米厚的稻壳、锯末或是树叶等保温物，上面撒一些鼠药预防鼠害。然后铺上一层70 ~ 90厘米宽的薄膜，这样可以防潮。薄膜上接着放置保温物5 ~ 10厘米的稻草，再将蜂箱排在稻草上面，每2 ~ 6群为一组，缩小巢门，然后用塑料薄膜遮盖防雨（图5-2）。到天气十分寒冷后，再把箱与箱间的空隙用干草塞实，前后左右都用草帘围起来。越冬蜂的包装与排列见图5-4，图5-5。

东北和西北严寒地区室外越冬，蜂群做内包装后，一般可采用浅沟越冬法，就是选择地势高燥和避风向阳的地方，挖深为20厘米、宽100厘米，长视蜂箱多少而定的长沟，挖出的土放在沟的两端。立冬前后，最低气温降至零下10℃以下时，将蜂群一箱挨一箱放入沟内。入沟前，在沟底铺一层塑料布，防止地下潮气侵入蜂箱，然后在塑料布上放10 ~ 15cm厚的干草或锯末，将蜂箱放在上面。蜂箱后边及箱与箱间用干草填满，箱体上加盖草帘。等到气温稳定且较寒冷后，蜂箱前壁晚间覆盖草捆保温，草帘上加盖帆布，既防雪，又增加保温效果。

图 5-4　冬季蜂群的包装

图 5-5　越冬包装

第六节　蜂群室内越冬

室内越冬是北方高寒地区为保障冬季蜂群安全越冬常用的方法。建有专门的地上、地下或半地下越冬室等设施。蜂群室内越冬不论采用什么形式，都要求越冬室进出方便，清洁卫生，调温性能好，温度适宜，能保持黑暗，通风良好。

一、入室时间及方法

南方越冬，蜂群入室时间一般在扣王断子后1个月，新蜂已全部出房并经过试飞、排泄后。北方越冬，蜂群入室是在白天最高气温在0℃以下时，才把蜂群搬入越冬室内，入室时间宁晚勿早。

蜂群入室宜在傍晚进行。傍晚把巢门关闭后，轻轻将蜂群搬入室内，按一定秩序摆放蜂群，巢门朝向墙壁，放置两排。每排可放3 ~ 4层，上层为弱群，中层为一般群势，下层为强群。暗室空间大，也可以背靠背分层叠置，巢门都朝向通道，高度一般为3 ~ 4层。放蜂数量宜少不宜多，1立方米不超过1箱。摆放后，待蜂群安静下来，便可打开巢门和气窗。

二、入室后的管理

越冬室温度最佳为 - 4 ~ 4℃，室温过高或过低都会增加蜂群对饲料蜜的消耗。当室温升高时，可打开越冬室的通气窗增加通风量，或放置排气扇增加通风量，扩大蜂群巢门。整个越冬期室温要宁冷勿热。越冬室通气孔要有防光设施，保证室内黑暗。

南方室内越冬，室温容易偏高，也应控制在6℃以下。白天关门窗保持黑暗，夜晚开门窗通风。遇到闷热天气，室温升高，蜜蜂骚动，要用电扇吹风给蜂群降温。

北方地区冬季气温较低，室温容易保持在 - 4 ~ 4℃，当室温降低时，要减少通风量，缩小巢门，关闭气窗。越冬前期和后期，气温较高，室温波动大，要注意通风以调整越冬室温度。

越冬室的相对湿度要保持在75% ~ 85%。越冬室太干燥或太潮湿都不利于蜂群安全越冬。湿度过高，未封盖的蜜脾会吸水变质，影响蜂群健康。过于干燥的越冬室，同样对蜜蜂有害。干燥的空气能吸收蜂蜜

中的水分，促使蜂蜜结晶，并会使蜜蜂缺水，因而过多地吃蜜，导致蜜蜂后肠积粪增多。如越冬室内干燥，可以在室内悬挂浸湿的麻袋，或向地上洒水、关闭出气孔、打开进气孔。越冬室湿度大、室温高时，要关闭进气孔，打开出气孔，甚至装排风扇，排出湿气。

蜂群入室的头几天要勤观察，当室温比较稳定后，可10天左右入室查看一次蜂群。在越冬后期，室温容易上升，要每隔2 ~ 3天观察一次蜂群，对异常蜂群应及时采取处理措施。特别是越冬后期，要注意检查越冬室不要透光，注意室内温、湿度，注意听测蜂群。在室内黑暗中，如蜜蜂飞出蜂箱，而测定室内温度不高，可能是室内太干燥。如同时伴有蜂群骚动不安，蜂球散团，蜜蜂无精打采，但巢内还有相当储蜜，这是蜂群缺水的现象。应及时给蜂群喂水。发现箱底和巢门板上有很多死蜂，尸体完整，舌伸出，蜜囊没有储蜜，监听时，蜂群响声微弱，手敲蜂箱反映小，这是蜂群饥饿的表现，要立即进行抢救性补喂。补喂的最好方法是直接加入储备的经预温的成熟蜜脾。全封盖蜜脾放入前，要用割蜜刀割去封盖蜜脾的部分蜜盖，以利于蜜蜂采食。

室内越冬后期，蜂群易出现下痢。若下痢严重，可将下痢蜂群搬于一间室温较高的房间内，摆在窗前，使正午阳光直射巢门，让蜜蜂出巢飞翔。这时检查蜂群，清除蜂箱的蜂尸和霉迹，取出玷污的巢脾，换上干净卫生的蜜脾。蜂群经排泄飞翔后，将窗口阳光挡严，只在巢门处留有一些光亮，促使蜜蜂飞回箱内，待蜜蜂安静后，把巢门关闭，将蜂群搬回越冬室。

三、蜂群出室

蜂群出室时间在我国南北差异较大，南方出室时间早，北方出室晚。一般要在晴暖无风的午后，外界最高气温达到8℃以上时进行。蜂群出室前几天，应对放蜂场地进行清扫，撒一些石灰粉进行消毒。春天气温低，冬天积雪较多的地方，箱底所垫砖块或保温物等都要准备好。出室的前一夜，可将越冬室的门窗敞开，让蜜蜂吸足新鲜空气，以免次日出室后蜂群躁动不安。蜂群由越冬室搬出时，把巢门用铁纱封上，全部搬出排列好后，再启开巢门使蜜蜂飞翔排泄。放置蜂群前应有详细的规划，蜂群一旦摆放好就不要轻易移动。

越冬蜂管理注意事项：①根据海拔高低确定越冬场地；②适当保温，海拔800米以下不保温或适当保温；③检查蜂群以箱外观察为主，保持蜂群安静；④饲料充足，如有不足，及时补充；⑤防热、防寒、防干燥、防潮湿、防闷、防病害、防震、防饥饿。

中蜂的活框饲养

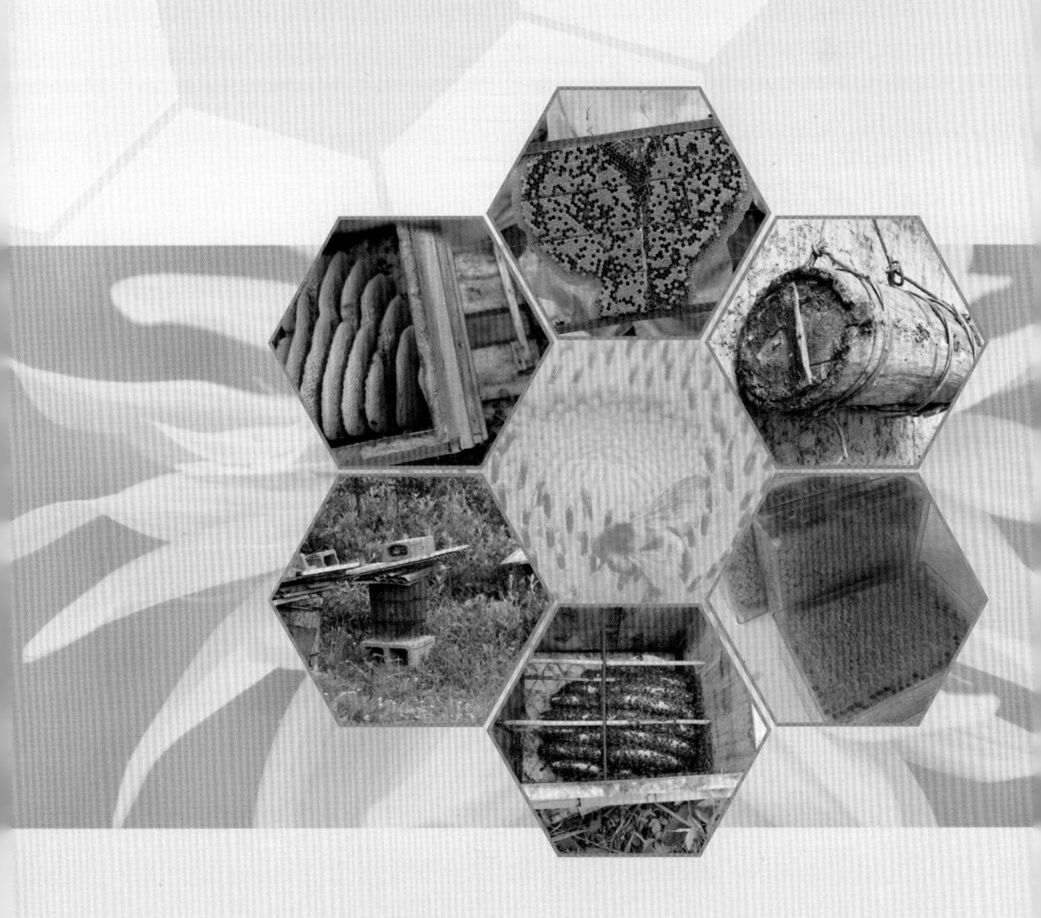

中华蜜蜂，又称中蜂，是东方蜜蜂的一个亚种，是中国独有的一个蜜蜂品种，有耐寒抗热、采蜜期长、适应性及抗螨抗病能力强、消耗饲料少、能利用零星蜜粉源等优点，非常适合我国广大山区定地饲养（图6-1）。

图 6-1　山区饲养的中蜂（罗其花摄）

第一节　中蜂过箱

中蜂过箱是将中蜂蜂群从木桶、树洞、墙洞等的固定蜂巢（图6-2）转移到活框蜂箱（6-3）的操作技术。要进行中蜂的活框饲养，首先要将旧法饲养的蜂进行过箱。野生中蜂及分蜂团的收捕原则：及时、迅速。否则，再次起飞后就很难收捕了，具体方法见第一章。

一、过箱的条件和时间

过箱对于蜂群是一种强迫的拆巢迁居。过箱过程中，脾、子和蜜都有一定损失，如不注意就容易飞逃。因此，过箱需要外界有丰富的蜜粉源，气候适宜，蜂有3脾以上的群势，过箱后蜂群才能很快修复巢脾，安居新巢，迅速恢复和壮大群势，投入采蜜。

一般说来，春天油菜花期的后期，山区的荆条、盐肤木、山花花期之前，过箱的效果很理想，过箱后还可取一部分优质蜂蜜，取得立竿见影的效果。过箱时的适宜温度是15℃左右，以春季为宜。春季过箱应在晴天的中午进行，夏季气候炎热，应在早晚进行，也可用红布包着电筒照亮在夜间进行。

（a）

（b）

图6-2　木桶饲养的中蜂

图6-3　活框饲养

二、过箱前的准备

准备过箱的蜂群，如在不便操作的地方，一星期前开始逐日移动至预定地点，每日移动的距离不能超过0.3米。如果一次移动的距离过大，就会造成蜜蜂混乱，误飞入其他群内，引起相互斗杀。如果准备过箱的蜂群多，过于稠密，就必须进行疏散。最好在头一年冬天，蜂群停止活动后，就把蜂桶移动，每桶之间距离3~5米。在墙洞里饲养的蜂群，如要过箱，事先应在墙洞下方钉上两根长的木条，木条上放一个托板。过箱后，将过入标准蜂箱的蜂群，放在托板上，蜜蜂活动恢复正常后，再逐日下降至地面。

过箱的工具主要有：蜂箱、巢框、割蜜刀、小刀、蜜桶、竹夹（夹绑巢脾用）、麻线和硬纸板、收蜂笼（接收蜂团用）、起刮刀、埋线器、面罩、蜂刷等（图6-4）。有些用具可就地取材，灵活代用或自制。

图6-4　过箱材料的准备

过箱时需要3～4人合作才能完成。一人驱蜂、割脾；两人修脾、绑脾；一人还脾、收蜂入箱及布置新蜂巢。过箱时，要求动作迅速，整个过程不得超过30分钟。因此，人员要分工合作，所需用具应事先准备周全，过箱时才能有条不紊。

三、过箱的方法

不同的老式蜂巢，应采用不同的过箱方法。旧法饲养的中蜂，一般采用树段挖空而成的圆桶、墙洞或板仓饲养，过箱的方法分翻巢过箱、不翻巢过箱、借脾过箱三种。

（1）翻巢过箱　凡是可以翻动的旧式蜂桶，都可进行翻巢过箱，适用于木桶、竹篓等蜂窝（图6-5）。

① 翻转蜂巢。首先蜂桶外围清理干净，向巢门喷入少量的烟雾，将桶盖轻轻打开，观察好巢脾的建造方位。把蜂巢缓慢转过180°，放稳，使巢脾固着桶的一端朝下，游离的下端向上，巢脾纵向与地平面保持垂直。如果是横卧式蜂桶，巢脾纵向排列的蜂群则顺着巢脾方向旋转90°，放稳，使原巢脾的下端顺着桶口向上。不能从巢脾的正面翻滚过来，以免折断巢脾。

（a）翻转蜂巢

（b）拆除支架（根据原蜂箱类型来定）

（c）拆除支架

（d）驱蜂离脾

（e）取出巢脾

（f）用刀割下单个巢脾

（g）用蜂刷刷掉脾上的蜜蜂

（h）将脾镶嵌到事先备好的巢框上

图6-5

（i）用铁丝或稻草固定巢脾

（j）用铁丝固定一

（k）铁丝固定二

（l）将固定好的巢框放入活框蜂箱

（m）搬开原老桶蜂箱，将过箱好的蜂箱放在原来的位置

（n）调整蜂路

（o）抖入原蜂箱中的蜜蜂

（p）打开巢门或蜂群稳定后再打开

图 6-5　翻巢过箱的方法

② 驱蜂离脾。在蜂桶口放收蜂笼，四周最好用布等堵严，再用木棒在蜂桶的下方轻轻敲打，使蜜蜂离脾到蜂笼里结团，如果翻巢后，巢脾横卧的蜂群，木棒则敲打有脾的一端，驱蜂离脾到没有脾的一端结团。操作时不要过急，不然会把已结的蜂团驱散。

③ 割脾、修脾。蜜蜂离脾后，将老巢搬入室内进行割脾。同时把收蜂笼稍垫高一些，放在原来的位置附近，便于回巢的蜜蜂飞入笼内结集。在原来的位置处，放上待用的活框标准蜂箱，巢门与原旧蜂桶的巢门方向一致。割脾时从巢脾基部割下，然后将巢框放在巢脾上，按巢框的内围的大小用刀切割，去掉多余部分。小于巢框的新脾，将基部切直。切割时，要尽量保留子脾和粉脾，并适当留下一些蜜脾。没有蜂子的巢脾、不整齐的巢脾、陈旧的巢脾和太小的巢脾，可把其上的蜜脾割下放入蜜桶待取蜜，无蜜的部分留待化蜡。

④ 镶嵌巢脾。脾切好后，立即镶嵌在穿好铁丝的巢框上。将巢脾基部紧贴巢框上梁，顺铁丝用小刀逐一划线，深度不能超过巢脾厚度的一半，再用埋线器（图6-6）将铁丝埋入划过的线内。这样，经过蜜蜂修整后，巢脾才能牢固地固定在巢框之上。在整个操作过程中，必须经常擦洗手上的蜂蜜，以保持脾面整洁，否则会使蜜蜂延迟护脾，冻死蜂子。

图6-6　齿轮式埋线器

⑤ 绑脾。脾装好后，用一平板盖于脾上，使其翻转150°，取去板，用“∩”形竹夹自巢框上梁从两面向下夹住装好的脾，再用细麻线在脾下边捆绑牢固即成。每框一般上夹2～3个竹夹。新脾性较脆弱，适用于吊绑，脾装好后，用铁丝或麻线在巢框的第二道铅丝下穿过，向上绑于框梁上，吊住巢脾。有大面积子脾的巢脾，为避免蜂子过重，坠烂子脾，可在脾装好后，用硬纸板妥善承托巢脾下缘，再用麻线穿过硬纸板绑牢在上框梁上。

⑥ 组织新巢，催蜂护脾。脾绑好后，立即将巢脾放置在蜂箱的一侧。脾的排列是子脾面积大的放在中央，其次是面积小的，两旁放蜜粉脾，最外侧放隔板。蜂路以8～10毫米宽为好。脾放好后，一人手提蜜蜂已结好团的蜂笼，另一个拿覆布。提蜂笼的人要稳，准确地对着蜂脾将蜂抖入新箱内，立即盖上覆布和箱盖，静息几分钟后，可打开巢门，让外面的蜜蜂爬入箱内。如结团的蜜蜂在旧桶内，则将蜂桶竖直，抖蜂入箱，发现蜂王已被抖入箱内，立即盖上覆布和箱盖，2～3分钟后再开

巢门。待蜂完全入箱安静后，打开箱盖，揭开没有放脾一边的覆布，如发现蜜蜂无脾的一侧箱内结团，用蜂扫轻扫蜂团，催蜂上脾，护脾。

（2）不翻巢过箱　饲养在墙洞里的中蜂群或其他不能翻转的蜂巢，可采用这种方法。首先揭开蜂巢的侧板，观察脾的位置和方向，选择脾多的一端下手，将蜜蜂用烟驱赶到另一端空处结团。然后逐脾喷烟，驱散脾上剩下的蜜蜂，割下巢脾。修脾、装脾和绑脾的方法，与“翻巢过箱”的方法相同。能够搬动的蜂巢，可直接把蜂抖入箱内。无法搬动的蜂巢，可把绑好的脾放旧巢内，蜜蜂上脾后，再连脾带蜂放入活框饲养的箱内，或用手捧或用勺舀蜜蜂入箱，但动作要轻，避免压死蜜蜂，引起蜜蜂发怒。割脾或舀蜂时如发现蜂王，可先捉住蜂王关入王笼后，放入蜂箱里，就更为顺利。过完箱后，立即把旧巢或墙洞封住，不让蜜蜂再进入。同时把蜂箱放在旧巢门前打开巢门两三天后，蜜蜂就适应在新蜂箱内生活了。

（3）借脾过箱　如果已经有活框饲养的蜂群，可采用借脾过箱的方法。从活框饲养的蜂群中，每群抽出1～2框子脾和2脾蜜、粉脾，放入准备好的标准蜂箱内，再把已结团的蜜蜂抖入箱内。旧巢的催蜂离脾、割脾、装脾、修脾和绑脾的方法与前相同。绑好脾之后，分别放入被抽脾的活框饲养蜂群中，让蜜蜂修整。这种方法蜜蜂护脾快，巢脾修整也快，过箱操作简便，动作迅速，能避免气温和盗蜂等不利因素的影响，成功率较高。收捕来的野生中蜂也可采用此法，直接进行活框饲养。但搬回时如原巢址离家不到8千米，则先将有蜂的蜂箱搬至8千米以外，10多天后再搬回家附近饲养，否则蜜蜂出巢后仍会飞回原来的野生蜂巢，收捕来的新蜂群，也可按此法直接进行活框饲养。

四、过箱后的管理

中蜂过箱，仅仅是完成了活框饲养重要的第一步。因为中蜂长期生活在树洞、墙洞或木桶里，突然被迫迁到活框饲养的标准箱内，很不适应，再加上过箱过程中严重损失蜂子和蜂蜜，原来的环境受到破坏。所以必须人为地为它们在新蜂箱内创造有利的生活条件，否则过箱后蜂群还会发生失王和飞逃现象。过箱后是否能在新环境中正常生活，还必须靠人的精心管理。

（1）过箱操作后，将蜂箱放在原处。收藏好多余巢脾和蜂桶，清除桌上或地上的残蜜。把蜂箱巢门缩小只让2～3只蜜蜂能进出，箱底用干草垫好。

（2）观察工蜂采集活动状况，过箱后一两小时从箱外观察蜂群情况，若巢内声音均匀，出巢蜂带有零星蜡屑，表明工蜂已经护脾，不必开箱检查。若巢内嗡嗡声较大或没有声音，即工蜂未护脾，应开箱查看。如果箱内蜜蜂在副盖上结团，即提起副盖调换方向，将蜂团移向巢脾，催蜂上脾。若在箱壁上结团，可将巢脾移近蜂团让蜂上脾。

（3）过箱的第二天观察到工蜂积极进行采集和清巢活动，并携带花粉团回巢，表示蜂群已恢复正常。若工蜂出勤少，没有花粉带回。应开箱检查原因进行纠正，若蜜蜂没有上脾护脾，集结在副盖或箱壁上，按上面方法催蜂上脾，护脾。如有坠脾或脾面已严重被破坏者，应立即抽弃，若只有少部分下坠，可重新绑脾。同时检查蜂王是否存在，蜂王最好剪翅，以防逃亡。如果发现已经失王，即选留1～2个好王台，或诱入一只蜂王，或与邻箱合并。

（4）开箱进行检查，过箱后第2~4天再检查一次，检查蜂王是否已经产卵，巢内有无存蜜。如果蜂王已经产卵，而且有存蜜，说明过箱已经成功。若巢内缺蜜，马上应饲喂糖水。脾上蜜蜂稀少，应适当抽出多余巢脾，使蜜蜂密集在脾上。7天之后，即可解去竹片、麻线等物，解完后把蜂路缩小到8～9毫米。

（5）如果外界蜜源条件好，10天左右就可以加巢础，造新脾，用新脾逐渐换去老脾。

过箱后检查次数不宜太多，每次检查时间不能过长。检查应在天气暖和的情况下进行，气温低、下雨天不要开箱检查。主要以箱外观察为主，如在箱外观察到蜜蜂忙碌采蜜，后足带着花粉回巢，生活秩序有条不紊，表示蜂群已安居新巢，过箱已告成功。

第二节　中蜂蜂场基本操作技术

一、养蜂场地选择

中蜂适合定地饲养，也可结合小转地，养蜂场地基本固定，蜂场周围2～3公里范围要求蜜粉源植物面积大、数量多、长势好、粉蜜兼备，1年中要有2个以上的主要蜜源和较丰富的辅助蜜粉源。蜂场应选在地势高燥、背风向阳、前面有开阔地、环境幽静、人畜干扰少、交通相对方便、具洁净水源的地方。凡是存在有毒蜜源植物或农药危害严重的地方，都不宜作为放蜂场地。

中蜂和意蜂一般不宜同场饲养，尤其是缺蜜季节，西方蜜蜂容易侵入中蜂群内盗蜜，致使中蜂缺蜜，严重时引起中蜂逃群。

二、蜂群的排列

中蜂蜂箱，应依据地形、地物尽可能分散排列（图6-7、图6-8）；各群的巢门方向，应尽可能错开。蜂箱排列时，应采用箱架或竹桩将蜂箱支离地面30 ~ 40厘米，以防蚂蚁、白蚁及蟾蜍为害（图6-8），也可充分利用地形的错落单行并排（图6-9）。

图 6-7 分散排列

图 6-8 分散排列

图 6-9 单行并排

在山区，利用斜坡布置蜂群，可使各箱的巢门方向、前后高低各不相同，甚为理想。如果放蜂场地有限，蜂群排放密集，可在蜂箱前壁涂以黄、蓝、白、青等不同颜色和设置不同图案方便蜜蜂认巢。

对于转地采蜜的中蜂群，由于场地比较小，可以3～4群为1组进行排列，组距1～1.5米。但2箱相靠时，其巢门应错开。

饲养少量的蜂群，可选择在比较安静的屋檐下或篱笆边作单箱排列（图6-10）。

图6-10　屋檐下单箱排列的中蜂群

矮树丛多的场地，蜂箱可以安置在树丛一侧或周围，以矮树丛作为工蜂飞翔和处女王婚飞的自然标记，也可以减少迷巢现象（图6-11）。

图6-11　中蜂蜂场

三、蜂王和王台的诱入技术

（1）直接诱入法（图6-12）　外界大流蜜时，无王群对外来产卵王容易接受，可直接诱入蜂群。具体做法是：傍晚，给蜂王身上喷上少量蜜水，轻轻放在巢脾的蜂路间，让其自行爬上巢脾；或将交尾群内已交配、产卵的蜂王，用直接合并蜂群的方法，连脾带蜂和蜂王直接合并入失王群内。诱入后观察工蜂不拉扯、撕咬蜂王，即表明诱入成功，如工蜂围杀蜂王，应立即解救，改用间接诱入。

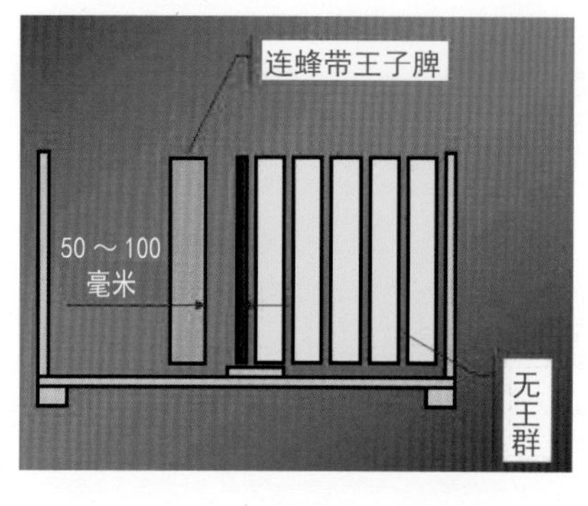

(a)

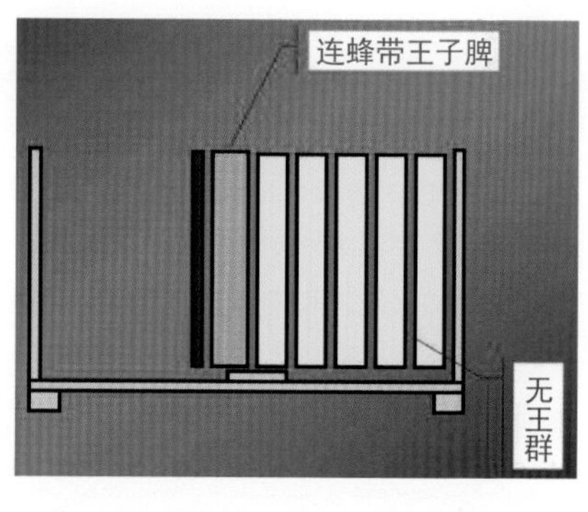

(b)

图 6-12　直接诱入法（引自方文富）

（2）间接诱入法　此法就是将诱入的蜂王暂时关进诱入器内，扣在巢脾上，经过一段时间蜂王与接受群内工蜂相同时再放出来，这种方法比较安全。诱入器一般用铁纱做成，安放时，应放在巢脾有蜜处，以免蜂王受饿。

（3）王台的诱入　人工分蜂，组织交尾群或失王群，都可诱入成熟台，即人工育王的复式移虫后第十天，即将出房的王台。

诱入前，必须将蜂王捉走1天以上，产生失王情绪后，再将成熟王台割下，用手指轻轻地压入巢脾的蜜、粉圈与子圈交界处，王台的尖端应保持朝下的垂直状态，紧贴巢脾。诱入后，如工蜂接受，就会加以加固和保护。第二天，处女王从王台出房，经过交配，产卵成功后，才算完成。

（4）被围蜂王的解救　向围王工蜂喷水、喷烟或将蜂团投入温水中，使工蜂散开，救出蜂王。切不可用手或用棍去拨开蜂团，这样工蜂越围越紧，很快把蜂王咬死。

救出的蜂王，要仔细检查，如肢体完好，行动仍很矫健者，可放入蜂王诱入器，扣在蜂脾上，待完全被工蜂接受后再放出；如果肢体已经伤残，应立即淘汰。

（5）注意事项

① 提前1～2天更换老劣蜂王。

② 无王群诱入蜂王前，要毁除全部急造王台。

③ 强群诱入蜂王时，要先把蜂群迁离原址使部分老蜂从巢中分离出去后，再诱入蜂王，较为安全。

④ 缺乏蜜源时诱入蜂王，应提前2～3天用蜂蜜或糖浆喂蜂群。

⑤ 蜂王诱入后，不要频繁开箱，以免蜂王受惊而被围。

⑥ 如蜂王受围，应立即解救。

四、工蜂产卵和咬脾的处理

（1）工蜂产卵的处理　工蜂产卵的蜂群，应立即把工蜂所产的卵虫、巢脾从群内提出，让工蜂暂栖于覆布下的几个空框上，并使巢内无蜜、无粉，用饥饿法促使工蜂卵巢萎缩，失去产卵功能。第二天选一优质蜂王，囚入笼内挂于蜂团中，稳定蜂群情绪，同时用饲喂器喂少量糖水。第四天观察，若没有围王现象，可调入1张有蜜、粉和虫、蛹的脾，使蜂群外出采集。第五天调入供蜂王产卵的脾，同时放王，较短时间内蜂群能够迅速壮大。

如果失王过久，工蜂产卵超过20天以上，诱入蜂王困难，可将蜂群拆散，分别合并到其他的蜂群里去，或把工蜂抖散在蜂场内，任其自行选择新群。

（2）咬脾的处理

① 利用蜜源植物大流蜜时，多造脾，经常用新脾更换老脾另行保管。

② 蜂巢里经常保持蜂多于脾或蜂脾相称，抽出多余的空脾另行保管。

③ 越冬时，将整张巢脾放在蜂巢两边，半张巢脾放在蜂巢的中央，箱内巢脾排列成“凹”形，以利蜜蜂结团。

五、防止盗蜂

（1）盗蜂的识别　盗蜂多为老蜂，体表绒毛较少，油亮而呈黑色，飞翔时躲躲闪闪，不敢面对守卫蜂，当被守卫蜂抓住时，试图挣脱。作盗群出工早，收工晚。蜂进巢前腹部较小，出巢时吃足了蜜，腹部膨大。

① 发生盗蜂。老蜂在其他群蜂箱外打转，寻找入侵的孔隙。蜂箱前有蜜蜂咬杀现象。

② 作盗蜂已攻入被盗群。缺蜜时节，蜂箱巢门工蜂进出繁忙，且进

去的蜜蜂腹部小而灵活，出来的蜜蜂腹部膨大。

③ 作盗蜂、作盗群和被盗群识别。作盗蜂：在其他群蜂箱外打转，寻找入侵孔隙的工蜂。作盗群：用面粉洒在作盗蜂体上，带粉蜂回归的蜂群。被盗群：缺蜜时节，蜂箱巢门工蜂进出繁忙，且进去的蜜蜂腹部小而灵活，出来的蜜蜂腹部膨大的蜂群。

（2）盗蜂的预防

① 选择蜜源丰富的场地，坚持常年养强群，是预防盗蜂的关键。

② 平常检查蜂群时，动作要快，时间要短。

③ 在繁殖期、蜜源尾期和蜜源缺乏时期，合并弱群和无王群，紧缩蜂巢，保持蜜蜂密集，留足饲料，缩小巢门，填补蜂箱缝隙。

④ 饲喂蜂群时，勿使糖汁滴落箱外。

⑤ 断蜜期，应尽量不在白天开箱检查，不给蜂群饲喂气味浓的蜂蜜，不用芳香药物治螨。

⑥ 蜂巢、蜂蜡和蜂蜜切勿放在室外，不要把蜂蜜抖散在蜂场内。

⑦ 中蜂和西蜂不应同场饲养，西蜂场应离中蜂群较远。当与意蜂同场地采蜜时，应提前离场。

（3）盗蜂的制止　一旦出现盗蜂，应立即缩小被盗群的巢门，以加强被盗群的防御能力和造成作盗群蜜蜂进出巢的拥挤。用乱草虚掩被盗群巢门，或者在巢门附近涂石炭酸、卫生球、煤油等驱避剂，迷惑盗蜂，使盗蜂找不到巢门。如还不能制止，就必须找到作盗群，关闭其巢门，捉走蜂王，造成其不安而失去盗性。或将被盗蜂群迁至5千米之外，在原处放一空箱，让盗蜂无蜜可盗，空腹而归，失去盗性。

如果已经全场起盗，将全场蜂群全部迁到直线距离5千米以外的地方，这是止盗最有效的方法。将蜂群迁至有蜜源的地方，盗蜂会自然消失。

六、防止蜂群飞逃

（1）中蜂逃群预防　针对中蜂逃群的可能原因进行预防。

① 平常要保持蜂群内有充足的饲料，缺蜜时应及时调蜜脾补充或饲喂补充。

② 当蜂群内出现异常断子和新收捕的蜜蜂时，应及时调幼虫脾补充。

③ 平常保持群内蜂脾比例为1∶1，使蜜蜂密集。

④ 注意防治蜜蜂病虫害。

⑤ 采用无异味的木材制作蜂箱，新蜂箱可采用淘米水洗刷后使用。

⑥ 蜂群排放的场所应僻静、向阳遮阳，蟾蜍、蚂蚁无法侵扰处。

⑦ 尽量减少人为惊扰蜂群的次数。

⑧ 蜂王剪翅或巢门加装隔王栅片。

⑨ 填补蜂箱其他地方的孔洞、缩小巢门预防糖蛾等危害。

（2）中蜂逃群处理

① 逃群刚发生，但蜂王未出巢时，立即关闭巢门，待晚上检查处理（调入卵虫脾和蜜粉脾）。

② 当蜂王已离巢时，按收捕分蜂团的方法收捕和过箱。

③ 捕获的逃群另箱异位安置，并在7天内尽量不打扰蜂群。

④ 当出现集体逃群的“乱蜂团”时，初期关闭参与迁飞的蜂群，向关在巢内的逃群和巢外蜂团喷水，促其安定。

⑤ 防止“冲蜂”。蜂群迁飞起飞之后，因蜂王失落，易引起失王蜜蜂投入场内其他蜂群而引起格斗的现象，称为“冲蜂”。冲蜂会使双方大量死亡。当出现这种情况时，应立即关闭被冲击蜂群的巢门，暂移到附近，同时在原地放1个有几个巢脾的巢箱。待蜂群收进后，再诱入蜂王，搬往他处，然后把被冲击群放回原位。

第三节　中蜂蜂群的管理

一、早春繁殖

春季，气候转暖，蜜源植物逐渐开花流蜜，是蜂群繁殖的主要季节。春季蜂群的发展，首先是依靠产卵力强盛的蜂王，此外还须具备下列条件：适当的群势；充足粉、蜜饲料；数量足够的供蜂王产卵的巢脾；良好的保温、防湿条件；无病虫害等。

（1）加强保温　早春繁殖期间，保温工作十分重要（具体方法见图6-13），具体应做到下列几点。

① 密集群势。早春繁殖应保持蜂脾相称，保证蜂巢中心温度达到35℃，蜂王才会产卵，蜂子才能正常发育。应尽量抽出多余空脾。随着蜂群的发展，逐渐加入巢脾，供蜂王产卵。

② 蜂巢分区。在蜂巢里，蜂王产卵，蜂儿发育，需在35℃的条件下进行，称为“暖区”。而储存饲料和工蜂栖息，温度条件要求不太高，称为“冷区”。早春，把子脾限制在蜂巢中心的几个巢脾内，便于蜂王产卵和蜂儿发育。边脾供幼蜂栖息和储存饲料，也可起到保温作用。

（a）在隔板两侧放入保暖的稻草

（b）放入要保暖的蜂脾

（c）调整蜂路

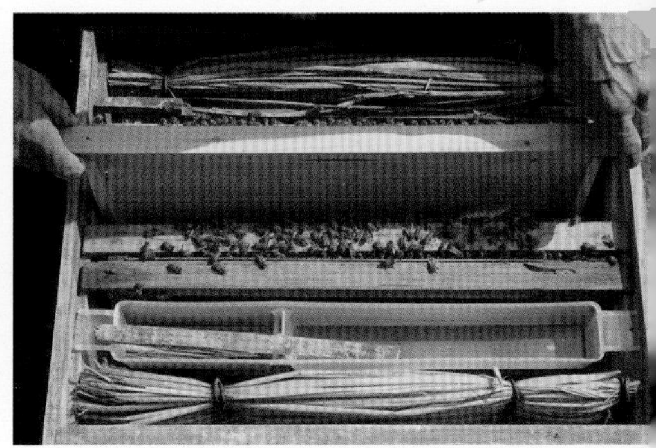

（d）若要造脾则在中间加入巢础

（e）一侧放入饲喂盒

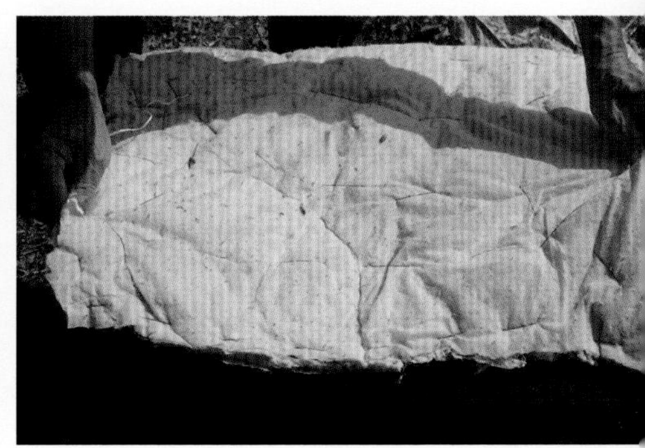

（f）盖上棉絮保温

图 6-13　蜂群的保温

③ 防潮保温。潮湿的箱体或保温物，都易导热，不利保温。因此，早春场地应选择在高燥、向阳的地方，当气温较高的晴天，应晒箱，翻晒保温物。糊严箱缝，防止冷空气侵入。随着蜂群的壮大，气温逐渐升高，慎重稳妥地逐渐撤除包装和保温物。

④ 调节蜂路和巢门。气温较低时，应缩小蜂路和巢门。夜间，巢门有时可关闭。

（2）奖励饲喂　当蜂王开始产卵，尽管外界有一定蜜、粉源植物开花流蜜，也应每天用稀糖浆（糖和水比为1 ： 3）在傍晚喂蜂，刺激蜂王产卵，糖浆中可加入少量食盐、适量的抗生素和磺胺类药物，预防囊状幼虫病发生。

（3）扩大蜂巢　在繁殖初期，一个中蜂群大约4 ~ 5框巢脾，可供产卵的巢房约有7000 ~ 9000个。如果一个蜂王每天产700粒卵，那么10天左右就把所有空房产满。因此及时扩大蜂巢，提供产卵空房，是保证蜂群快速繁殖的重要措施。

扩大蜂巢最便利的方法，就是将保存的空脾，及时放入蜂群供蜂王产卵。也可用半巢础造脾，造脾时蜂群必须进行奖励饲喂，或者把旧巢脾切去下半部，放回蜂群中，让蜂向下造脾。只有当气温较高（25℃以上）、外界蜜源丰富时，才能放入整张巢础让蜂群造脾。每次只能放入一张巢础（图6-14），做好一张后再放入另一张。

图 6-14 巢础

（引自http://www.legaitaly.com）

二、流蜜期管理

流蜜期是养蜂生产的黄金季节，应组织强大的群势，投入采集。要想流蜜期丰收，必须做好流蜜期前的蜂群管理。

（1）组织采集蜂　一般来说，15日龄以上的工蜂才外出采集花蜜和花粉。除了有大量的采集蜂，还应有大量的内勤蜂。因此，在大流蜜前40～45天，就应该着手培育采集蜂和内勤蜂。幼蜂羽化出房，到采蜜期便可投入采集。

在流蜜期里，如果采蜜群内幼虫太多，大量的哺育工作，会降低蜂群的采集和酿蜜的力量，从而降低产量。因此，应在流蜜前6～7天，开始限制蜂王产卵，保证蜂群进入流蜜期后集中力量投入采集和酿蜜；流蜜期结束之前，应恢复蜂产卵。主要方法是用框式隔王板将蜂王控制在巢箱内的1个小区内（内放封盖子脾和蜜、粉脾）。流蜜期结束前，撤去隔王板即可。

流蜜期前，蜂群里积累了大量的幼蜂，泌蜡能力强，是造脾的大好时机。因此，应及时加巢础框，多造脾，造好脾，供流蜜期贮蜜之用，也可预防分蜂热。

（2）流蜜期精细管理　主要蜜源开始流蜜时，从最先开始采蜜蜂群里，取出新蜜，喂给尚未开始采集的蜂群，通过食物传递，使全场蜂群投入采蜜，增加产量。

在主要流蜜期扩大蜂巢，给蜂群增加贮蜜空间，保证蜂群能及时酿蜜和贮蜜，这是高产的关键措施。可在巢箱上面加继箱。此外，应及时加入巢础框造脾，以加入已造好一半的巢脾，效果最好。

酿造1千克蜂蜜，要蒸发2千克水。因此为了尽快把蜂箱内的水分排出去，应扩大巢门，揭去覆布，只盖纱盖，打开通风窗，放开蜂路。同时应在夏天注意遮阴防晒。

当继箱内的蜜脾上部将要封盖时，或少部分蜜房已经封盖时，即可取蜜。取蜜一定要取成熟蜜。

（3）生产优质蜜的方法　优质蜂蜜应具其天然特色，色、香、味保持所采蜜源的特点，必须是成熟蜜，并且不得混有蜡屑、空气泡，蔗糖含量不能过高(超过5%)，所含水分也不能太多。

① 去除杂蜜。每一个花期，所取第一次蜜，一般混有前一花期的蜜，应在流蜜4~5天之后，进行一次全面清脾，取出杂蜜，保证生产纯度较高的单一花种蜂蜜。

② 使用新脾。新空脾可避免旧蜜和杂花蜜残留，因此，使用新脾能

保证蜂蜜的新鲜度。

③ 取成熟蜜。优质蜂蜜的含水量应在18%左右，最多不超过20%，要达到这一标准应该取封盖蜜或即将封盖的成熟蜜，即巢蜜（图6-15）。

图6-15　格子巢蜜

④ 强群生产。强群不仅产量高，同时也因群强，酿制蜂蜜的能力强、速度快、易成熟，所以强群也能优质。

⑤ 滤除杂质。取蜜时应及时进行过滤，避免蜡屑、死蜂和其他杂质混入。取出的蜜装好后，尽量不要翻桶。

（4）控制分蜂热　在流蜜期，由于采蜜群群势较强，容易产生分蜂热，特别是遇到阴雨天。流蜜期蜂群产生分蜂热，出勤工蜂大大减少，会造成生产上的很大损失。控制分蜂热应从管理入手，尽量给蜂王创造多产卵的条件，增加哺育蜂的工作负担，调动工蜂采蜜、育虫的积极性。“分蜂热”的征兆：大批幼蜂相继出房，巢内哺育蜂相对过剩，工蜂在巢内拥挤，巢温增高；雄蜂羽化出房，蜂王停产；巢脾上空房少，无处贮蜜和产卵，工蜂怠工，常在巢脾下方或巢门前，互相挂吊成串形成“蜂胡子”；出现自然王台。

控制自然分蜂热的方法如下。

① 疏散幼蜂。流蜜季节，如已出现自然王台，在中午幼蜂出巢试飞时，迅速将蜂箱移开，提出有王台和雄蜂较多的巢脾，割去雄蜂房房盖，杀死幼虫，放入未出现自然分蜂热的群内去修补。在原箱位置放一个弱

群，幼蜂飞入弱群后，再将各箱移回原位，既可增强弱群的群势，也可消除“分蜂热”。

② 抽调封盖子脾。中蜂发展到8脾以上，封盖子脾达到4 ~ 5脾时，不等发生分蜂热，就分批每次抽调1~2脾封盖子脾，连同幼蜂一起加入弱群，或人工分群，同时加空脾，供蜂王产卵。将产生分蜂热蜂群内的封盖蛹与弱群里的虫、卵脾进行交换，增加工蜂的哺育工作量，也可迅速将弱群补强。

③ 勤割雄蜂房。除选为种用父群外，应尽量将群内的雄蜂房割除，放入未产生分蜂热的蜂群内去修补。

④ 进行人工自然分蜂。流蜜期前，如个别蜂群产生较为严重的分蜂热，可先把子脾放在没有发生分蜂热的蜂群中去，再加入巢础框或空脾，把工蜂和蜂王抖在巢门前，让它们自己爬入箱内。

⑤ 早育王，早分蜂。蜂群已经产生分蜂热，王台已经封盖，如坚持破坏王台，只是拖延分蜂时间。王台破坏后，工蜂立刻会再造，造成工蜂长期消极怠工，蜂王长期停产，严重不利于蜂群发展，影响蜂产品的质量。因此，应及早培育蜂王，加速繁殖，尽快加强群势，有计划地尽早进行人工分蜂。

⑥ 选育良种，早换王。应采用人工育王的方法，选择场内分蜂性弱、能维持强群的蜂群作为父、母群，培育良种蜂王，及时换去老劣蜂王。新蜂王产卵力强不易发生分蜂热，因此，每年至少应换一次蜂王，常年保持群内是新王，便能维持大群，控制分蜂热。

三、越夏期管理

夏季，我国南方气温多在35℃以上，又值雨季，蜜源缺乏，病、敌害多，是蜂群生活最困难的时期。降温是中蜂夏季管理的重点。

夏季来临前，应利用春季蜜源，培育新王，换王，留足充足的饲料，并保持3 ~ 5框的群势，因群势越强，消耗越大，不利越夏。

越夏期首先保证群内有充足的饲料，除补足饲料外，转地至半山或气候温和、有蜜源的地方饲养；在炎夏烈日之下，应特别注意把场地选择在树荫之下，注意遮阴和喂水。为了降低群内温度，应注意加强蜂群通风，可去掉覆布，打开气窗，放大巢门，扩大蜂路，应做到脾多于蜂。管理上应注意少开箱检查，如需检查蜂群，应安排在上午10点以前，预防盗蜂的发生。

夏季，蜜蜂的敌害（胡蜂、蜻蜓、蟾蜍）很多，巢虫繁殖很快，应特别注意防治；农作物也常施用农药，应防止农药中毒。

四、秋季蜂群管理

秋季的蜂群管理至关重要，直接影响着第二年蜂群的发展和蜂产品的质量。秋季除生产蜂产品外，还应做好育王、换王，培育适龄越冬蜂的工作。

（1）培育适龄越冬蜂　秋季主要蜜源植物开花时，蜜、粉均丰富，培育出的蜂王质量好。因此，应抓住这一时机，培育一批优质蜂王，换去老劣蜂，以秋王越冬，产卵力强，有利于早春繁殖及蜂群的繁殖速度。

应在花期开始，着手进行培育越冬蜂，注意蜂箱的防湿、保温和紧缩蜂巢，做到蜂脾相称。用新王产卵，培育采集蜂。如果流蜜好，天气好，应主要生产优质冬蜜。如果流蜜差，天气坏，就应以保蜂为主，加强夜间保温，抽出多余空脾，做到蜂脾相称。如饲料不足，应补充饲喂，防止盗蜂，缩小蜂路，尽量保持一定群势，培育羽化出一批新蜂，进入越冬期。

（2）冻王停产　当气温下降，蜂王产卵量减少，应利用寒潮，扩大蜂路，撤去保温物，让蜂王停产。待封盖子全部羽化出房，割去中央巢脾少量的刚封盖的蜂房盖，将脾换出。换上消过毒的蜂脾，然后再进行越冬包装。

（3）补足越冬饲料　越冬饲料的质量和数量，直接影响蜜蜂的安全过冬。因此，越冬包装之前，若饲料不够，可采用灌脾的方法，将优质蜂蜜或糖水（糖与水之比为1∶1）灌在巢脾上，供蜜蜂越冬消耗，切勿喂入劣质蜂蜜或糖水，否则蜜蜂因下痢而提前死亡。

五、越冬期管理

冬季白天气温低于10～12℃时，蜜蜂就停止飞翔。如不保温，弱群在外界气温12℃时，开始结成蜂团，强群大约在7℃时，才结成蜂团。越冬蜂的管理概括起来，就是：蜂强蜜足，加强保温，向阳背风，空气流通。这也可以说是蜂群安全越冬的基本条件。

（1）越冬前的准备　蜂群进入越冬期，首先应做好准备工作。

① 调整蜂群。应对全部蜂群进行1次全面检查，根据检查情况，进行蜂群调整。抽出多余的空脾，撤除继箱，只保留巢箱。如果蜂群太弱，可将巢箱中央加上隔板，分隔两室，每一室放一弱群称为双王同箱饲养，

两个弱群可以相互保温。强群也应保持蜂多于脾。

② 囚王断子。可用囚王笼将蜂王囚禁约15天，让蜂王彻底断子，得以休息。

③ 换脾消毒，紧缩蜂巢。囚王断子后，巢内已无蜂子，可将巢脾提出，用硫黄烟熏，清水冲洗晾干之后，再放入群里，然后紧缩蜂巢，让蜂多于脾，才有利于越冬。

（2）越冬保温工作

① 箱内保温。将紧缩后的蜂脾放在蜂巢中央，两侧夹以保温板。两侧隔板之外，用稻草扎成小把，填满空间。框梁上盖好覆布。缩小巢门即可。

② 箱外包装。分单群包装和联合包装两种。单群包装是作好箱内保温后，在箱盖上面纵向先用一块草帘，把前后壁围起，横向再用一块草帘，沿两侧壁包到箱底，留出巢门，然后加塑料薄膜包扎防雨。联合包装是先在地上铺好砖头或石块，垫上一层较厚的稻草，然后再将带蜂的、经过内保温的蜂箱排在稻草上面，每2～6群为一组，各箱间隙也填上稻草，前后左右都用草帘围起来。缩小巢门，然后用塑料薄膜遮盖防雨。

（3）越冬管理　做好保温工作之后，越冬期千万不要经常开箱检查，以箱外观察为主。如发现部分工蜂出巢扇风，说明巢内闷热，应加大巢门，或短时撤去封盖上的保温物，加强通风，还应防止鼠害。

第七章

花期蜂群生产管理

主要蜜源植物花期(大流蜜期)是养蜂生产的主要活动季节。在大流蜜期，只有具备大量适龄采集蜂(日龄在2星期以上的蜜蜂)，并有充足封盖子脾的蜂群才能获得高产。因此，必须在大流蜜期以前培育大量适龄采集蜂，并在大流蜜期期间加强蜂群的饲养管理。

第一节 饲养强群

除了丰富的蜜源以及良好的气候条件之外，强壮的蜂群是获得蜂产品优质、高产的主要决定因素。所以，花期蜂群管理工作的重点是发展强群、组织强群和维持强群。

一、饲养强群的条件

首先外界应有丰富的蜜、粉源，使用质量优良的蜂箱等机具，贮备充足的饲料和蜂机具设备，备有预防病敌害的药物，使用年轻优质的良种蜂王。养蜂人员还需要良好的技术和丰富的操作经验，能够正确实施因地制宜的管理方法和措施。

二、饲养强群的方法

① 饲养强群应从前一年的秋天抓起，利用秋季蜜源，做好蜂群的增殖工作，培育大批适龄越冬蜂，贮足饲料；使用年轻、产卵力强的蜂王，保证越冬后以蜂多于脾。

② 在春繁期间应加强保温工作，补足饲料，进行奖励饲喂，促进蜂王产卵，及时加入巢脾扩大蜂巢，给蜂王提供充足的产卵空间，使蜂群中的新蜂尽快取代越冬蜂，进入蜂群增殖期，群势快速增长，为大流蜜培养大量的适龄采集蜂。

③ 任何时候都要保证巢箱内有充足的饲料和供蜂王产卵的空间，应经常进行箱内调脾，时常将封盖子脾提入继箱内并不断给巢箱内补入空脾。

④ 在大流蜜期间，应减少蜂王产卵，让工蜂集中力量投入生产；为了防止流蜜期结束后蜂群蜂势下降，可组织一部分辅助群，通过从辅助群内提出子脾补给采蜜群，维持蜂群的群势。

三、保持强群的主要措施

保持强群的主要措施有：① 使用蜜蜂良种；② 保证饲料充足；③ 预防分蜂和控制分蜂热。

分蜂热的主要表现：巢内出现大量的雄蜂，工蜂积极筑造王台，部分王台内已有受精卵或幼虫，蜂王的产卵量明显下降，腹部逐渐变小，工蜂出勤率降低，消极怠工，巢脾下方和巢门前，工蜂连成串，形成蜂须，俗称“蜂胡子”（图7-1）。

预防蜂群分蜂热的措施：① 选用分蜂性弱的蜂种；② 及时换王；③ 加强蜂群的管理，扩大蜂巢，加强通风，让蜂王有产卵的空间，避免巢内蜜蜂拥挤。

图 7-1　分蜂征兆——蜂须

第二节　培育适龄采集蜂

蜜蜂具有一定的劳动分工，多数情况下，5 ~ 17日龄的工蜂负责蜂群的巢内工作，如酿蜜、哺育幼虫、泌蜡造脾等。17日龄以后才普遍成为采集蜂，采集蜂的数量决定了蜂群蜂蜜的产量。流蜜期期间工蜂的寿命一般在30天左右，工蜂发育期为21天，因此，要获得大量17 ~ 30日龄的采集蜂，应提前38 ~ 51天进行培育适龄采集蜂，一般在大流蜜开始前40 ~ 45天着手进行。

在适龄采集蜂的培育中，应视流蜜期的长短，酌情掌握奖励饲喂的时间。管理上应采取有利于蜂王产卵和提高蜂群哺育率的措施，如调整蜂脾关系、适时扩大蜂巢出口、奖励饲喂、治螨防病等。如果蜂群基础较差，应组织双王群，以提高蜂群的发展速度，保证流蜜期到来时发展为强群。适龄工作蜂的培育结束时间应延续到大流蜜期结束前26天左右。

第三节　组织采蜜群

组织采蜜群的目的是为了保证强群取蜜和生产区无子脾取蜜，以有利于生产操作、保证获得高产。养蜂生产中，应该在当地主要蜜源流蜜前50天左右就开始对蜂群进行奖励饲喂，刺激蜂王产卵，着手培育适龄采集蜂。流蜜期前，繁殖采集蜂的工作告一段落，在原群基础上发展起来的采蜜群，会比临时组织的采集力强。但在养蜂生产中，很难做到全场的蜂群在主要流蜜期之前都能培养成强盛的采蜜群，如果蜂群达不到采蜜群的标准，可以在大流蜜期开始前10 ~ 15天，进行采蜜群的组织。流蜜期前采蜜群应不低于13 ~ 15框蜂，含有10张左右的子脾。

对于弱群或中等群势的蜂群可进行合并，组成群势较大的采蜜群。蜂群合并时，可把所有蜜蜂和子脾或蜂群的部分卵虫脾和蜜粉脾带蜂提出并入蜂王质量较好的蜂群，作为生产群，淘汰老蜂王及质量较差的蜂王。

对于双箱体饲养的蜂群，可以将正在出房的封盖子脾、卵虫脾、花粉脾放入巢箱，作为繁殖区，根据需要可加入1张空脾，以提供蜂王产卵的空间。子脾居中、粉脾靠边放置，一般巢箱放6 ~ 7张脾，把其余的封盖子脾和蜜脾放入继箱，作为生产区，巢、继箱之间加上隔王板。如果采用双王群饲养，可根据具体情况，在每只蜂王所在的繁殖区保留3 ~ 4张巢脾，包括1张卵虫脾、1张空脾和1张蜜粉脾。

采用主副群繁殖、采蜜的蜂场，在主要流蜜期前30天左右，可根据主群的哺育力和保温能力从副群中分批抽出卵虫脾补充到主群，而在距离流蜜期20天左右时，可从副群中抽调封盖子脾，将其加到主群的继箱中，待蜜源流蜜开始后，继箱中的子脾均已出房成为空脾，蜜蜂逐渐成为适龄采集蜂而这些空脾正好用于贮存蜂蜜。如果蜂群群势较强，群内蜂多于脾，可以在继箱中适当加入空脾，保持蜂脾相称。饲养中蜂组织采蜜群时，如果蜂群群势较强可使用浅继箱取蜜。

第四节　采蜜群的管理

应该根据不同蜜源植物的泌蜜特点以及蜂群的状况确定采蜜群的管理措施。采蜜群管理的主要原则是：控制分蜂热、维持强群，同时兼顾流蜜期后的蜂群发展。主要流蜜期期间，应及时了解蜂群的贮蜜情况，适时调整蜂群，一般3～4天检查一次蜂群继箱中的贮蜜量，6～7天检查一次蜂王的产卵情况。

（1）控制分蜂热　蜂蜜生产期要注意防止蜂群产生分蜂热，保持工蜂积极的采集状态。生产期蜂群一旦发生自然分蜂，会严重影响蜂蜜的产量。蜂场可利用群强、蜜足这一黄金时期在蜂群中加入巢础建造新巢脾、生产蜂王浆，此期生产的蜂王浆产量高、质量好。可将巢脾间的蜂路适当放宽，将巢门放大、加强蜂箱内的通风，加强蜂群的遮阴、避免蜂群处于暴晒状态。生产期使用新王群进行取蜜等措施均能起到很好的防分蜂效果。

（2）限制蜂王产卵　在流蜜期间培育的卵虫发育成的工蜂不能参加到采蜜工作，还会增加饲料消耗，增加巢内的工作负担，因此，在时间较短但流蜜较多的花期并且距离下一个主要蜜源花期还有一段时间时，一般在该流蜜期到来前1周就应该限制生产蜂群的蜂王产卵。限制蜂王产卵时，单王群巢箱可放5～6张脾，包括卵虫脾和刚封盖的蛹脾以及粉脾，不给蜂王提供可以产卵的空巢房。以双王群形式饲养的蜂群，可在每个产卵区放3张脾，包括卵虫脾和1张粉脾。也可以使用产卵控制器进行限制蜂王产卵。流蜜开始后，蜂群中的绝大部分幼虫已封盖化蛹，蜂群中的工蜂摆脱了哺育幼虫的负担，可以集中力量进行采集和酿蜜，整个蜂群的生产能力会大大提高。否则，由于工蜂具有很强的恋子性，如果蜂群内幼虫较多，工蜂的采集活动便会减少。

如果蜜源流蜜期长达一个月以上或两个主要的蜜源流蜜期相互衔接，而且下一个蜜源比较稳产，在蜂群的管理上，就要注意既要保证本次花期的高产，又要为下个蜜源花期培育适龄的工作蜂，不进行限制蜂王产卵，而采取繁殖和取蜜并重的做法。对于双箱体蜂群，可以在巢箱内放

6 ~ 7张脾，分别为卵虫脾、刚封盖蛹脾以及1 张空脾和1张粉脾，并且每隔6 ~ 7天调整一次蜂群，使繁殖区保持适当的空间供蜂王产卵，继箱内放老熟蛹脾以及适量的空脾，供蜂群贮蜜。采用双王群饲养时，巢箱内可一边放3张脾，另一边放4张脾，包括卵虫脾和1张空脾，限制一区的蜂王产卵，使另一区的蜂王适量产卵。也可使用强群、新王群取蜜，弱群进行恢复和发展，不断从繁殖群中抽调封盖子脾加强采蜜群群势，从采蜜群中抽出过多的卵虫脾放入繁殖群中进行哺育，保证采蜜群持续维持在强群状态。

为了防止蜂群意外失王，流蜜期间应注意使每个采蜜群都保持1 ~ 2张卵虫脾。

（3）流蜜后期的蜂群管理　流蜜后期蜂群要逐渐向繁殖转移，在流蜜中期摇蜜时保留子脾上的边角蜜，每次摇蜜后放入产卵区1 ~ 2张摇完蜜的空脾，被蜜压缩的子脾在将蜜清除以后放入繁殖区继续扩大子圈，在流蜜后期要调整管理措施促进蜂群的繁殖发展，如果外界粉源缺乏，要及时加入粉脾，及时介绍产卵性能好的蜂王到失王群，调整蜂群间的子脾，流蜜后期摇蜜时要给蜂群保留一定数量的饲料，为蜂群的繁殖奠定基础。

第五节　蜂蜜的生产

取蜜的基本原则为“初期早取，中期稳取，后期少取”。在养蜂业比较发达的国家，采用多箱体养蜂，一个花期内只集中采收蜂蜜1 ~ 2次，可获取成熟度高、水分含量低、质量好的蜂蜜，并且减少了对蜂群正常生活的干扰。

一、采蜜前的准备

（1）时间　提取蜜脾进行采收蜂蜜一般在蜜蜂飞出采集之前的清晨进行。在外界温度较低时取蜜，可以在气温较高的午后进行取蜜操作。

（2）地点

① 室内摇蜜可有效防止外界的灰尘污染和盗蜂。

② 天气较好、蜜源充足时可以在蜂场中进行露天摇蜜，但要保证室外摇蜜不会招引盗蜂。提前清理摇蜜场所的杂草、尘土等，选择在无风天气进行，摇蜜前用清水喷洒取蜜场所的地面，以防止尘土飞扬。

（3）工具　准备好起刮刀、蜂刷、喷烟器、摇蜜机、割蜜刀、滤蜜器、蜜桶、水盆、空继箱等工具，检查所需的工具准备齐全后，将所有可能与蜂蜜接触的器具清洗干净，晾干待用。

二、分离蜜的采收工序

我国的养蜂场规模相对较小，蜂蜜生产中一般需要3人互相配合，1人负责开箱抽脾脱蜂，1人负责切割蜜盖，操作摇蜜机、分离蜂蜜，另外1人负责传送巢脾、把空脾放回原箱，恢复蜂群。分离蜜的采收主要包括脱蜂、切割蜜盖、摇取蜂蜜、过滤和分装等工序。

（1）脱蜂　手工抖蜂时，首先提出蜜脾，双手握紧蜜脾的框耳部分，依靠手腕的力量将蜜脾突然上下迅速抖动3～5下，使蜜蜂离脾跌落进入蜂箱的空处。抖蜂完成后，蜜脾上剩余的少量蜜蜂可使用蜂刷轻轻将其扫落到蜂箱（图7-2）。

图7-2　抖蜂离脾

（2）切割蜜盖　切割蜜盖时，一只手握住巢脾的一个框耳将另一个框耳置于支撑物或割蜜盖台面上，将巢脾垂直竖起，用锋利的割蜜刀沾热水自下向上拉锯式徐徐将蜜盖割下，注意不要从上往下割，以避免割下的带蜜蜡盖拉坏巢房（图7-3）。

（3）分离蜂蜜　把割去蜡盖的蜜脾放入摇蜜机的固定框笼内，手握摇把，摇转分蜜机，并逐渐加快摇动的速度（图7-4和图7-5）。

（4）过滤和分装　摇蜜机蜜满后倒入蜜桶中，在蜜桶上口应放置双层过滤网，以除去蜂蜜中的蜂尸、蜂蜡、死蜂和花粉等杂质（图7-6）。

（5）分离蜜的贮存　蜂蜜的贮存场所应清洁卫生、阴凉干燥、避光通风，远离污染源，不得与有毒、有害、有异味的物质同库贮存，过滤后分装小瓶出售（图7-7）。

图7-3　用割蜜刀割掉蜜盖

图 7-4　将蜜脾放入摇蜜机

图 7-5　放入两张蜜脾摇蜜

图 7-6　摇蜜机蜜满后倒入蜜桶中

图 7-7　过滤后分装小瓶

（6）取蜜中的卫生问题 在整个摇蜜过程中都要注意保持卫生，保证自然蜂蜜的天然品质。

第六节 蜂花粉的生产

养蜂生产中使用脱粉器（图7-8）收集蜂花粉，工蜂能自由进出脱粉孔但其携带的花粉团通过网孔时大部分会被刮落下来，落到集粉盒中进行收集。

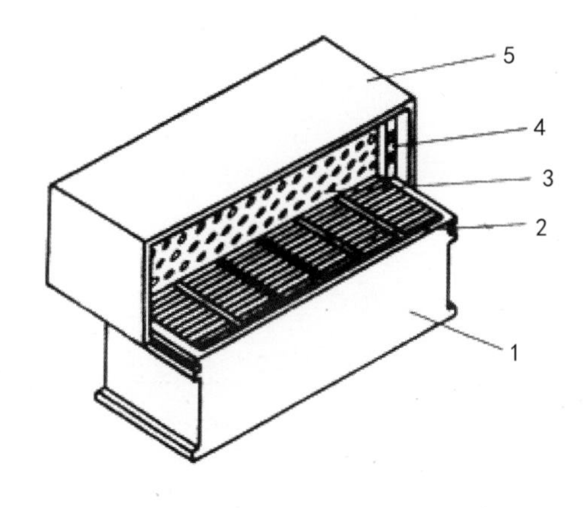

图 7-8 脱粉器

1—集粉盒；2—落粉网；3—脱粉板；4—雄蜂出口；5—顶罩
（引自《无公害蜂产品安全生产手册》）

一、蜂花粉的采收工序

（1）脱粉器的安装

① 应根据蜂场周围的具体植物种类确定安装脱粉器的时间。多数的粉源植物都在早晨和上午花粉较多，雨后初晴或阴天湿润的天气蜜蜂采粉较多。蜜蜂采蜜高峰时，不宜安装脱粉器。

② 脱粉器的安装工作应在蜜蜂采粉较多时进行，取下蜂箱前的巢门挡，清理巢门及其周围的箱壁后把脱粉器紧靠蜂箱前壁的巢门放置，脱

粉器应安装严密，使所有进出蜂巢的蜜蜂都通过脱粉孔。为防止安装脱粉器引起蜜蜂偏集，同一排的蜂群要同时进行脱粉。

（2）花粉的处理

① 蜜蜂刚采集的蜂花粉含水量很高，应及时进行干燥处理。常用的干燥方法包括日光干燥、自然通风干燥、电热干燥、真空干燥、化学干燥剂干燥等。

② 采收的花粉可通过风力扬除和过筛分离进行去杂。通过紫外线消毒法、冷冻法、射线辐照灭菌法等进行灭菌。

③ 使用清洁、无毒、无异味、符合食品卫生标准的塑料袋进行密封包装后放在通风干燥、低温避光、无异味的场所暂存。

二、采粉蜂群的管理

（1）场地的选择　粉源丰富是获得蜂花粉高产的前提条件，应尽量选择大面积种植油菜、玉米、向日葵、荞麦、茶花、西瓜等植物的场地放蜂。同时要特别注意，蜂场周围5公里的范围内，不得有雷公藤、藜芦等有毒粉源植物。避开经常喷洒农药的粉源场地以及受工业废水、废气、废渣等污染的区域。生产花粉的蜂群应放置在清洁的地方或草地上，以减少灰尘等杂物混入。

（2）组织采粉蜂群　一般蜂王浆高产的蜜蜂品系，工蜂泌浆所需的花粉量大，采集花粉的积极性比较高。采粉生产需要蜂群内含有大量适合采粉的青壮年蜂，所以在粉源植物开花前45天至花期结束前30天左右就需促王产卵，培育适龄采粉蜂。在进入粉源场地后通过抽调封盖子脾调整蜂群，组成8 ～ 10足框群势的蜂群进行花粉生产。

（3）使用产卵旺盛的蜂王　卵虫少或无卵虫的蜂群中蜜蜂很少采粉，应使用产卵旺盛的蜂王进行蜂花粉收集，如果失王，及时补充已产卵的蜂王。在生产过程中不换王、不治螨。

（4）连续脱粉　如果蜂群中存粉较多，可以适当将群内的花粉脾抽出，妥善保存，使蜂群保持贮粉不足的状态，以激发蜜蜂采粉的积极性。在粉源旺盛的季节，脱粉应连续进行，以避免巢内存粉过多，保证蜂花粉生产的稳定性。

（5）不轻易转地　蜂群的转运会加速工蜂的老化，转地后蜂群内适龄采粉蜂减少，影响蜂花粉的产量。所以在生产蜂花粉的过程中，只要粉源条件不是太差，产量能保持在一定的水平，就不要轻易进行转地。

（6）防止污染　在整个花粉生产期，蜂群不得使用任何药物，以防止采收的花粉被污染。

（7）脱花粉期间不割除雄蜂　割除雄蜂蛹后，工蜂就要对雄蜂房中的虫蛹进行清除，安装脱粉器后，会有许多虫蛹残体落入集粉盒中，污染收集的花粉。同时由于脱粉孔的阻隔，不利于蜂群的清理工作，使巢门内堆积大量的雄蜂蛹躯体。生产花粉期间割除雄蜂，对蜂花粉的产量和质量都会造成一定程度的影响。

第七节　蜂胶的生产

采集蜂胶是西方蜜蜂的习性，但不同西方蜜蜂亚种的采胶能力差异很大，其中高加索蜂的采胶性能最好，意大利蜂和欧洲黑蜂次之，卡尼鄂拉蜂和东北黑蜂较差。

一、蜂胶的采收工序

目前生产中使用的采收蜂胶的方法主要有直接刮取、盖布取胶以及集胶器取胶。

（1）直接刮取　在平时检查蜂群时，直接用起刮刀把纱盖、继箱和巢箱箱口边沿、隔王板、巢脾框耳下缘或其他空隙处的蜂胶依次刮取下来，注意不要混入蜂尸、木屑等杂物。

（2）盖布取胶　用优质的白布、麻布等作为集胶盖布，在巢脾框梁上横放几根木条，使盖布与上框梁间形成0.3厘米左右的空隙，促进蜜蜂把蜂胶积累在盖布和框梁之间。取胶时把盖布置于太阳下晒软后用起刮刀刮取，刮完胶后，把盖布有胶的一面朝下放回蜂箱，继续进行收集蜂胶。在气温较低的季节使用盖布集胶有助于蜂群的保温，如果气候炎热，盖布会影响巢内的通风，造成群内闷热，此时可使用尼龙纱网（图7-9）代替盖布。收取蜂胶时也可以把盖布或尼龙纱网放入冰柜，蜂胶冷冻后会变脆，提出进行敲搓蜂胶即可自然落下。

（3）集胶器取胶　集胶器是根据蜜蜂在巢内集胶的生物学特性设计的蜂胶生产工具，可从市场上直接购买。在外界胶源丰富、蜜蜂采集积极性较高的情况下，一般每隔15天左右就可取一次胶。

（4）蜂胶的包装贮存　采收后的蜂胶应及时用符合食品卫生安全标准的塑料袋封装，以减少蜂胶中芳香物质的挥发。标明采收时间、地点

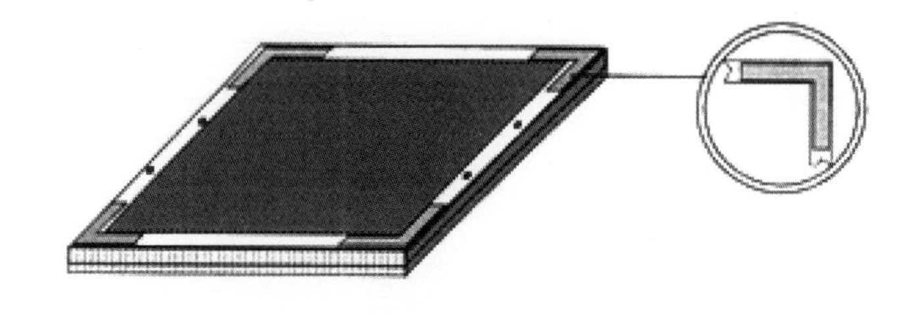

图 7-9　四角钉有尼龙条的尼龙纱盖

（引自《无公害蜂产品安全生产手册》）

以及胶源植物种类，暂存于纸箱或塑料桶等容器中，存放在干净、阴凉、通风避光、干燥无异味的地方，严禁日晒、雨淋及有毒有害物质的污染。

二、采胶蜂群的管理

（1）场地选择　采胶场地要远离污染区和喷洒农药的胶源植物，选择在胶源植物数量多、种类丰富、生长旺盛、泌胶量大的地方放置蜂群。

（2）采胶时间　在外界最低气温15℃以上的晴朗天气进行采胶生产，气温低于20℃时，胶源植物泌胶较少。从事采胶的蜜蜂多为老蜂，所以生产群要强壮健康并有适量老蜂，才能保证蜂群的采胶性能。生产蜂胶要着力组织和利用有较多老龄采胶蜂的蜂群。目前的养蜂生产中，蜂胶采收的专一化程度还较低，养蜂者很少单独组织蜂群进行蜂胶生产。

（3）蜂种选择　中蜂不采集蜂胶，西方蜜蜂中的高加索蜂采胶能力最强，含有高加索蜂血统的杂交蜂种通常也会表现出较强的采胶能力。养蜂生产中可通过定向选择，提高蜂种的采胶性能。

（4）及时采胶　蜜蜂采胶是为了满足蜂群堵塞箱缝、缩小巢门等需要，蜂群内需要蜂胶填补的部位积满蜂胶时，蜂群的采胶积极性就会降低。及时进行蜂胶采收，可刺激蜜蜂的采胶积极性，提高蜂胶的产量。

（5）避免污染　采集和贮存蜂胶不应使用金属用具，铁纱副盖会造成蜂胶被重金属铅污染，因此取胶生产中要避免使用铁纱副盖，可使用无毒、无异味的尼龙或塑料纱网。蜂胶生产期间要严禁使用蜂药，以免造成污染。蜂胶采收前应先将赘脾等清理干净，以免蜂胶中混入过多的蜂蜡。

第八节 雄蜂蛹的生产

雄蜂幼虫封盖后11 ~ 12天时雄蜂蛹的附肢已基本完成发育，蛹呈乳白色，正适合食用，这个日龄的雄蜂蛹体型缩小，体壁表皮具有一定的坚韧度，容易进行采收。雄蜂蛹中维生素和矿物质的含量极为丰富，是营养价值很高的天然食品，极具商品价值。

（1）生产雄蜂蛹的基本条件　外界蜜粉源条件丰富，巢内蜜粉饲料贮备充足，必要时进行奖励饲喂，饲喂花粉糖饼，保证蜂群内花粉供应充足。蜂群需健康无病，群势较强，有产生分蜂热、培育雄蜂的欲望。

（2）修造雄蜂脾　在主要流蜜期或辅助蜜粉源丰富的时期将装有雄蜂巢础的巢框放入强群中修造，对蜂群适当进行奖励饲喂，加快造脾。要求造好的雄蜂脾脾面平整、无破损、无工蜂房。

（3）组织产卵蜂群　选择健康无病、群势强壮的双王群，把雄蜂脾放于蜂王产卵控制器后置于巢箱内幼虫脾和封盖子脾之间，让工蜂进行清理，次日把产卵蜂王放入蜂王产卵控制器，迫使蜂王在雄蜂脾上产卵。蜂王产卵36小时后，把产满未受精卵的雄蜂脾提出放到哺育蜂群中进行孵化、哺育。产卵群可重复利用，并不间断地进行奖励饲喂，刺激蜂王持续产卵。

（4）组织哺育群　为保证蜂群对雄蜂幼虫的充分哺育，可及时将产上卵的雄蜂脾从产卵群中提出，捉走蜂王、抖落工蜂后，加入到事先准备好的强群内进行孵化哺育。哺育群必须群强、保持蜜粉饲料充足，无螨害和敌害。连续对哺育蜂群进行奖励饲喂，必要时从其他蜂群中抽调老熟封盖子脾，加强哺育群群势。

（5）采收雄蜂蛹　采收雄蜂蛹之前，打扫干净场地，用75%的酒精对采收工具进行消毒。

在蜂王产下雄蜂卵后第21 ~ 22天，把封盖雄蜂脾从哺育群中提出，抖落脾上的蜜蜂。有冰柜的蜂场最好先将雄蜂蛹脾放入冰柜内冷冻5分钟左右，将蛹脾的封盖冻硬，以方便蜡盖的割除。

割取蜂房蜡盖之前，先把雄蜂蛹脾水平放置，用木棒或割蜜刀背在巢脾上梁轻轻敲击几下，让巢脾上半面的雄蜂蛹沉入房底，使雄蜂蛹的头部和巢房房盖之间空出一定的距离后，再用锋利的割蜜盖刀把雄蜂蛹上的蜡盖割掉，以免割到蜂蛹的头部。

割完一面后，把巢脾翻面，使割开的巢房口朝下，轻轻敲击巢脾上梁，将雄蜂蛹震落于盛放器具中，用同样的方法收集巢脾另一面中的蜂蛹，对仍留在巢房中的个别雄蜂蛹，用镊子夹出，及时剔除躯体破损或日龄不一致的雄蜂蛹。

（6）加工贮存雄蜂蛹　雄蜂蛹采收后要及时进行避光冷藏或保鲜处理，否则蛹体内的酪氨酸酶会在短时间内使蜂蛹变黑。较为简单的方法是尽快将雄蜂蛹装入食品塑料袋或其他容器中密封后放入冰箱或冰柜中冷冻保存。如无冷冻条件，可用盐渍法进行处理。把饮用水和精制食盐按照2 ：1的比例配成盐水，放入锅中煮沸备用。将采收的雄蜂蛹倒入盐水中煮沸15分钟左右捞出，摊开沥水晾干，密封包装后，暂时保存于阴凉通风处。

第九节　蜂毒的生产

蜂毒是工蜂毒腺和碱性腺分泌的具有芳香气味的透明毒液，平时贮存在毒囊中，蜜蜂受到刺激进行防卫螯刺敌体时蜂毒会从螯针排出。蜂毒是一种淡黄色的透明液体，在常温下会很快挥发干燥至原液重量的30% ～ 40%，形成骨胶状的透明晶体。工蜂18日龄后，每只工蜂毒囊里约有蜂毒0.3毫克。

（1）采收蜂毒的条件　应选择有较多青壮年蜂的强壮蜂群，群内保持蜜粉充足，一般在春末、夏季有较丰富的蜜粉源时，大流蜜期即将结束、外界气温保持在20℃以上的晴朗天气适宜进行采集蜂毒。蜂毒采收人员应健康、无严重蜂毒过敏反应，操作前准备好相应的取毒用具。

（2）蜂毒的采收　采收蜂毒的方法经历了直接刺激取毒、乙醚麻醉取毒和电取蜂毒的发展阶段，目前电取蜂毒法经过不断改进和完善，已日渐成熟。

将取毒器安装在相应部位后，接通电源，通过调节间歇脉冲电流给蜜蜂适当的电击刺激，蜜蜂受到电流刺激后会收缩腹部，螯针刺穿尼龙纱向采毒板攻击，将毒液排在玻璃板上。

每群每次取毒约7 ～ 10分钟，待蜜蜂安静后，将取毒器转移到其他蜂群继续取毒。

采集10个左右的蜂群后抽取集毒板，用不锈钢刀片将蜂毒刮下装入干净的玻璃瓶中，瓶口用木塞盖严，并用熔化的纯蜂蜡密封置于阴凉、干燥、卫生的场所暂时贮存。

注意：取毒应在早晚进行，采毒蜂群受到电击刺激，极易螫人，因此取毒操作人员要穿好防护服装。

产浆期的蜂群管理

蜂王浆（图8-1）是蜜蜂用于饲喂蜜蜂幼虫及蜂王的食物，成分复杂，是天然的保健品，我国蜂王浆产量占世界总产量的90%以上。生产蜂王浆可以有效提高养蜂的经济效益。

图 8-1 生产好的蜂王浆

一、产浆群的选育

生产蜂王浆需要较大的群势（图8-2、图8-3），产浆群的选育应该针对繁殖性能好、蜂群发展较快能维持强群的蜂群进行。目前，我国的蜂王浆高产型蜜蜂蜂种主要为浙江平湖、萧山、嘉兴等地定向选择出的浙江浆蜂。

图 8-2 产浆强群

图 8-3　选择强群

二、产浆群的组织

根据外界的气温条件和蜂群的群势，挑选采集力强、哺育蜂过剩的强群组织产浆群，并在移虫的前一天组织好。

（1）继箱产浆群的组织　蜂群群势达10足框以上时，用隔王板把蜂王隔离在巢箱中，上面加继箱，继箱内放幼虫脾、封盖子脾和蜜粉脾，浆框放在继箱中的子脾之间，因为子脾上的哺育蜂较多，使继箱内保持3张以上的虫、蛹脾以及充足的蜜粉饲料。注意检查蜂群消除自然王台及急造王台，防止无王区出现处女王。

（2）平箱产浆群的组织　使用卧式箱和标准箱的平箱生产王浆时，用框式隔王板把蜂巢隔成有王区和无王区，在有王区放置老蛹脾、卵虫脾以及空脾，使蜂群正常进行繁殖，在无王区内产浆，其中保持1～2张蜜粉脾，2～3张蛹脾、幼虫脾，浆框下在子脾之间。在产浆过程中需经常调整两区的巢脾。

（3）双王产浆群的组织　双王群一般可以维持较强的群势，具有充足的后备蜂力，产浆的潜力较大。组织双王产浆群时，用闸板把巢箱分割为左右两区，各放一只蜂王，巢箱上放隔王板，上面加继箱，组织方法同继箱产浆群。

图 8-4 饲喂花粉

三、补粉奖糖

产浆期间要注意饲料的补充和调整，确保蜂群泌浆的积极性。

奖励饲喂可以促进蜂王产卵以及工蜂泌浆育虫，外界蜜源较少时，每天傍晚使用稀薄的蜜汁或糖浆连续饲喂产浆群。产浆期间如果外界粉源不足，应及时给蜂群人工补充花粉（图8-4）。

四、产浆群温湿度的调节

高温季节，应适当采取给蜂箱遮荫、加强蜂巢的通风等措施，适当喂水，维持合适的温、湿度，保证哺育蜂在产浆框上的密集。

五、王浆的生产

（1）生产王浆的条件　外界气候、气温稳定；蜜粉源丰富，粉源持续（图8-5）；群势较强，幼蜂多，哺育力过剩。

图 8-5 流蜜期或粉源充足的时期

（2）生产王浆的工具　生产蜂王浆的工具可以自己制作和购买。主要包括浆框、台基、移虫针（图8-6）、取浆笔、镊子、王浆瓶，另外还有消毒用的酒精、割除王台蜂蜡的刀子、覆盖采浆框用的毛巾和纱布等。

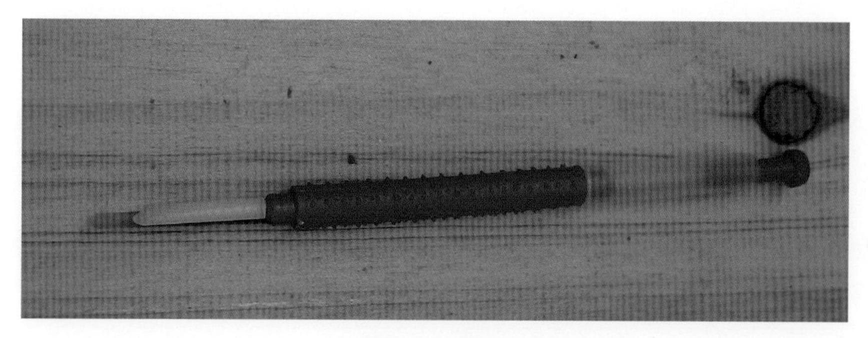

图 8-6　移虫针

（3）王浆生产过程

① 准备幼虫脾。在王浆生产过程中，要用到很多适龄幼虫，为避免频繁检查很多蜂群，快速找到合适的幼虫脾（图8-7），提高工作效率，应有计划地培养幼虫脾。选择一定量的新分群和繁殖群，在移虫前4 ~ 5天加入空脾，移虫结束后把该脾放入大群，重新加入空脾供蜂王产卵，每隔一段时间从大群中提出封盖子脾加到准备幼虫脾的蜂群中，维持蜂群的群势。

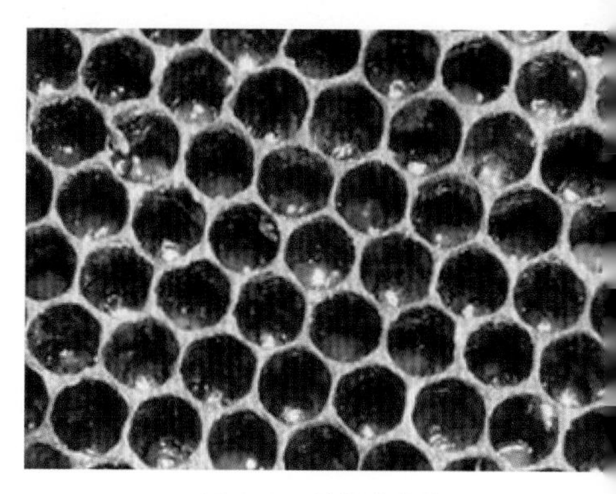

图 8-7　选择幼虫脾

② 组织产浆群。

③ 安装浆框。如果使用自制的台基，首先应将台基粘在王浆条上，使用批量生产的塑料台基时，直接将购买的塑料台基条扣在浆框的相应凹槽处即可。将安装好的浆框放入欲进行产浆的蜂群中，让工蜂清理加工一段时间。如使用蜂蜡台基，在移虫前让工蜂清理2 ~ 3小时即可；如使用塑料台基，应延长清理修整的时间，提前1 ~ 2天把浆框加入蜂群中。

④ 移虫。找到幼虫脾，抖落上面的蜜蜂，在明亮、洁净的环境中进

行移虫。可把幼虫脾平放在隔板上，浆框置于脾上，转动台基条使台基口朝上，使用移虫针将底部王浆充足的1日龄的幼虫转移到台基中，移虫（图8-8）时动作要迅速准确、避免碰伤幼虫。移虫之后及时把幼虫脾放回蜂群，暴露时间不要过久，以免影响幼虫的正常发育。

图 8-8　移虫

⑤ 插入浆框。移虫完毕的浆框台基口向下，放入产浆群的幼虫脾之间（图8-9），初次移虫时幼虫接受率较低，可在移虫之后3～4小时或第二天提出浆框进行检查，把未接受的台基内的蜂蜡等物质清除干净后补移上同龄幼虫，以提高台基的利用率，增加王浆的产量。

⑥ 提取浆框。移虫之后72小时左右，将浆框从蜂群中取出（图8-10），手持产浆框侧条的下端，轻轻抖落上面的蜜蜂（图8-11），再用蜂扫把剩余的蜜蜂扫净，转移到干净卫生的地方。

⑦ 从台基中取出王浆。用刀子逐个割去王台基上部加高部分的蜂蜡，要割得平整，注意不要割成斜茬或割破虫体，用镊子夹取出幼虫，要小心轻夹，防止带出王浆或夹破虫体、漏取幼虫，之后用王浆笔沿着台基内壁轻轻刷一周，将王浆取出来，刮入王浆瓶。应尽量把台基内的王浆取干净，以防残留的王浆干燥结块（图8-12）。

⑧ 修补台基。修补取完浆的台基，处理干净未接受台基中的赘蜡，进行再次移虫产浆。

在生产蜂王浆的过程中要注意保持卫生洁净，使用的刀子、取浆笔和镊子都要用75%的酒精消毒，提出的浆框不要随意乱放，取浆过程中应尽量减少在高温环境中的暴露时间，避免接触灰尘、杂质等，取出的王浆装满王浆瓶后要密封瓶口，放入冰箱中进行保存。

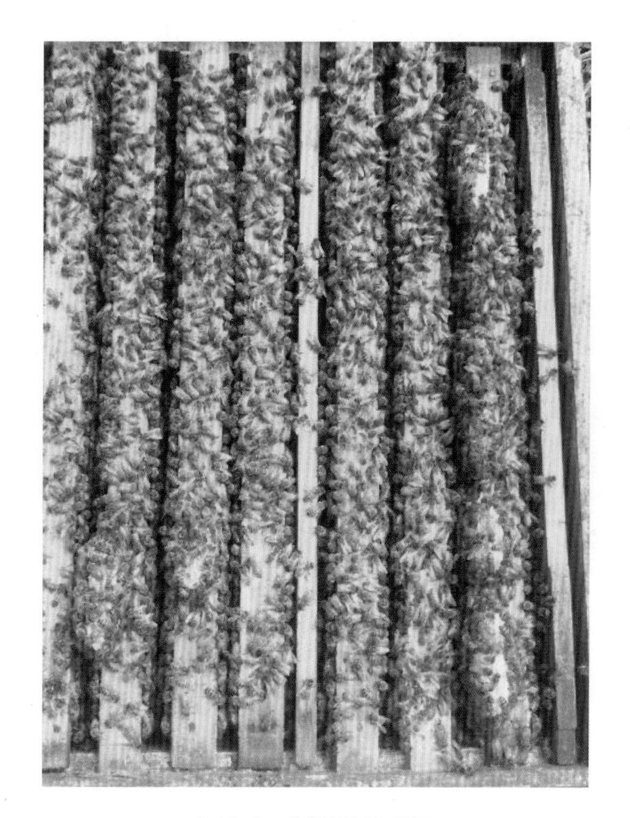

图 8-9　将浆框插入蜂群

图 8-10　取出浆框

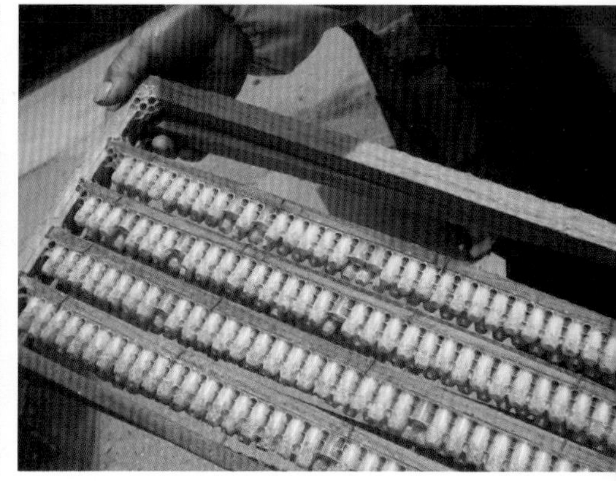

图 8-11　抖落蜂后的浆框

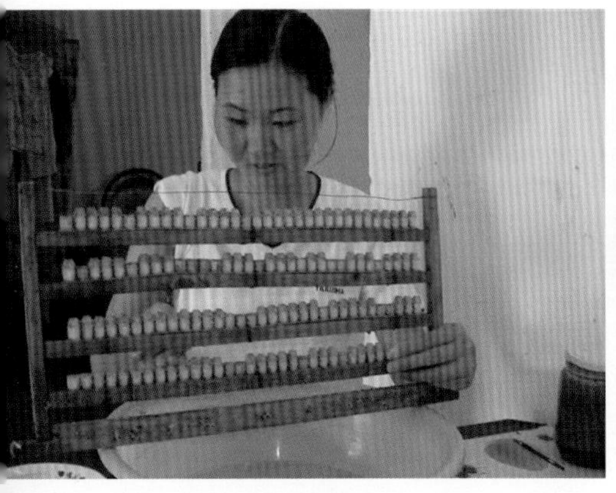

（a）割掉王台上蜂蜡

（b）移出幼虫

（c）移出幼虫后的浆条

（d）用取浆舌取浆

图 8-12　台基中王浆的提取

蜜蜂常见病虫害及其防治

第一节 常见蜜蜂病毒病

蜜蜂病毒病可发生于蜜蜂的幼虫期、蛹期及成虫期，以成虫期的病毒病种类最多。下面介绍几种我国常见的蜜蜂病毒病。

一、囊状幼虫病

症状 初期患病的幼虫不封盖即被工蜂清除，蜂尸不腐烂，无臭味，易被工蜂清除；病虫死亡后，巢房下陷，中间穿孔。蜂王重新在新清理的空巢房里产卵，形成“花子”（图9-1）及“穿孔”（图9-2）现象，逐渐干枯呈龙船状鳞片。

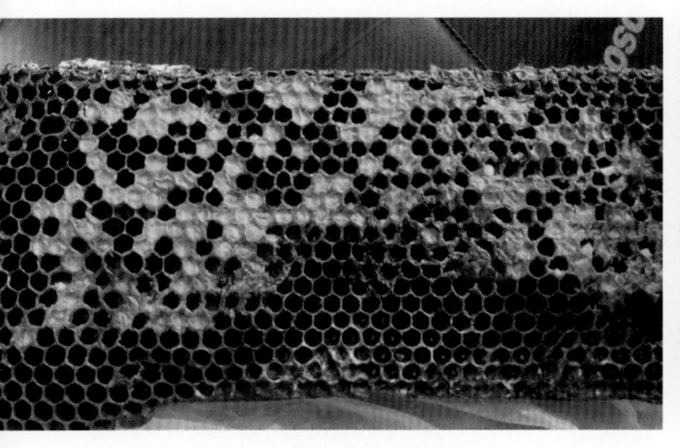

图9-1 花子（刘珊摄）

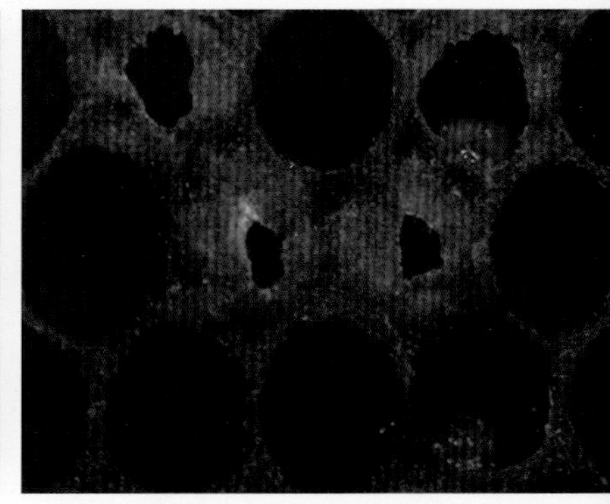

图9-2 穿孔（引自梁勤，2009）

简易诊断

① 患病初期：“花子”或出现埋房现象。

② 病害后期：“尖头”（图9-3），“囊状”（图9-4），“龙船状”（图9-5）。

发病特点　囊状幼虫病病毒潜伏期4～7天，在5～6日龄大幼虫阶段出现明显的症状，头部离开巢房壁翘起，形成钩状幼虫，虫体由苍白色逐渐变为淡褐色（图9-6）。此病中蜂抗性很弱，发病具有明显的季节性，南方多发生于2～4月和11～12月；北方发病较晚，一般出现在5～6月。

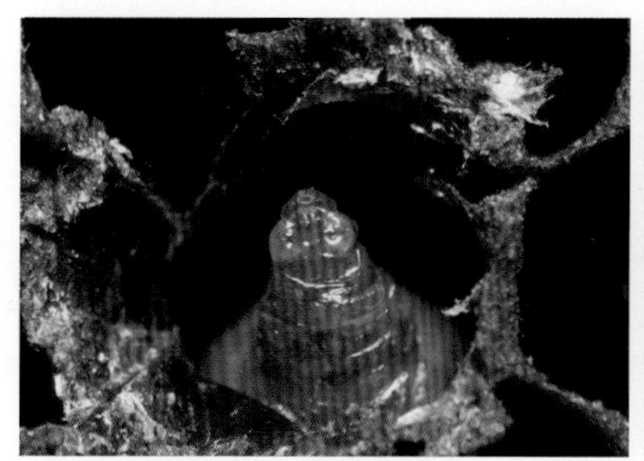

图9-3　尖头（引自梁勤，2009）

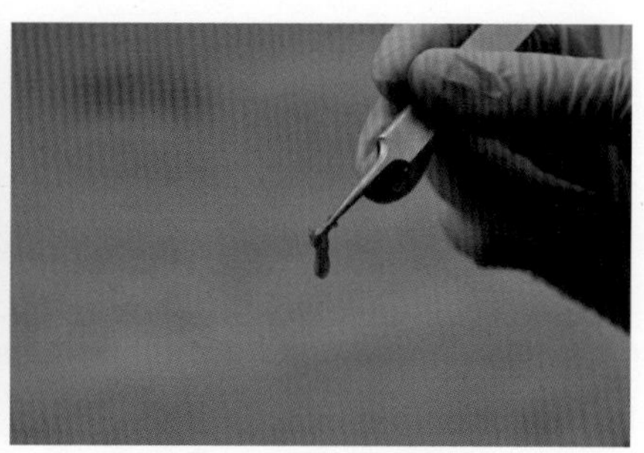

图9-4　囊状（刘珊摄）

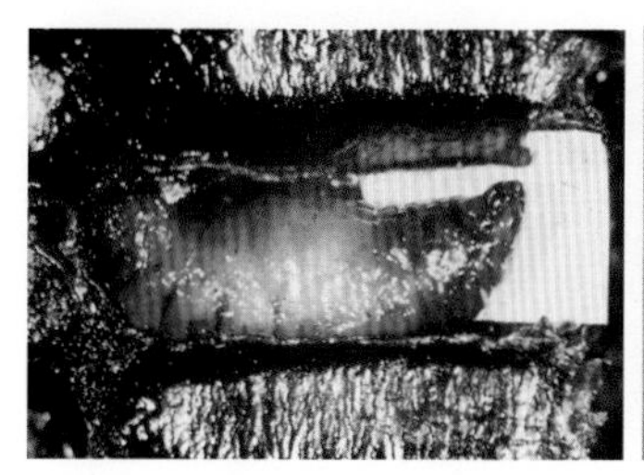

图9-5　龙船状（Smith M V摄）

图9-6　变色

防治要点　加强饲养管理，预防为主。

① 秋冬和早春，做好蜂具消毒工作。

② 稳定巢内温度，避免蜂群受冻。

③ 及时检查蜂群，确保蜂群饲料充足。

④ 断子清巢，阻隔病原传播，控制病情发展。

⑤ 选育抗病品种，并全场推广。

药物防治可参考《蜜蜂养殖实用技术》。

二、慢性麻痹病

蜜蜂慢性麻痹病又叫瘫痪病、黑蜂病，是危害成年蜂的主要传染病之一，在我国春、秋两季可引起成年蜜蜂大量死亡。

症状 病蜂腹部膨大，蜜囊内充满液体，内含大量病毒颗粒，身体和翅颤抖，不能飞翔，在地面缓慢爬行或集中在巢脾框梁、巢脾边缘和蜂箱底部，均表现为反应迟钝、行动缓慢。

简易诊断 若发现蜂箱前和蜂群内有腹部膨大或身体瘦小、头部和腹部体色暗淡、身体颤抖的病蜂，即可初步诊断为慢性麻痹病。

发病特点 该病在我国发病十分普遍。其中Ⅰ型多发于夏季高温季节，常表现为患病蜂体和双翅不正常的震颤，失去飞行能力，只能爬行，并伴有腹部肿胀、下痢和双翅无法闭合等明显的病症。发病后数日内死亡，严重时可使蜂群迅速衰亡。Ⅱ型麻痹病又被称为“黑盗蜂”、“黑小蜂”或“脱毛黑蜂症”等，多流行于春夏两季，患病蜜蜂初期具有飞行能力，绒毛容易脱落，体色变黑，个体比健康蜜蜂小，腹部油亮（图9-7）。

该病在我国南方最早出现在1～2月，4～5月是北京地区的发病高峰期，9～10月为秋季发病高峰期；东北最早出现在5月份感病，江浙地区3月份开始出现病蜂，西北于5～6月份开始出现病蜂。

防治要点 对慢性蜜蜂麻痹病的防治，目前主要采取以下综合防治的措施。

① 早春及时补充营养饲料。

② 更换蜂王。

③ 对少数患病严重的蜂群，及时杀灭和淘汰病蜂，防止病情扩散。通常采用换箱方法，将蜜蜂抖落，健康蜂迅速进入新蜂箱，而病蜂由于行动缓慢，留在后面，可集中收集将其杀死，以减少传染源。

图9-7 蜜蜂慢性麻痹病（Ⅱ型）（Virgina W 摄）

三、急性麻痹病

症状及简易诊断 该病1963年被首次报道，典型症状是感病成年工蜂表现出麻痹症状，失去飞行能力，离巢后迅速死亡（图9-8）。死前发生足、翅震颤，腹部膨大。该病常见隐性感染，特别在35℃条件下，被感染的蜜蜂几乎无任何症状。

图 9-8 死于巢门前的患急性麻痹病的蜜蜂

发病特点 该病一般在春季引起蜜蜂死亡，越冬期蜂群中不易检出，到春季温度回升，病毒迅速增值，引起中毒，夏季温度上升（35℃），病害自愈。自然界中该病可以通过以下几个途径传播：① 成年蜂的咽下腺分泌物；② 被污染的花粉；③ 通过大蜂螨为媒介进行高效传播。成年蜂的咽下腺分泌物和被污染的花粉很难使蜜蜂获得致死的剂量。

防治要点 该病主要是通过大蜂螨的媒介作用传播，经口侵染引起蜂群发病的概率不高，所以防治要点应以治螨为主，特别是在春季蜂群繁殖期间应严格控制大蜂螨，防止其危害蜂群。

四、其他病毒病

（1）以色列急性麻痹病 感染“以色列急性麻痹病毒”（简称IAPV）后的典型症状为患病蜜蜂体色变暗，绒毛脱落，伴随翅震颤，逐渐麻痹死亡，病症与蜜蜂急性麻痹病相似。

（2）蜜蜂卷翅病 该病的典型症状为成蜂的翅卷曲变皱，身体萎缩，体色变暗，失去飞行能力，只能爬行，羽化后1～2日内死亡（图9-9）。蜜蜂卷翅病的发生与大蜂螨寄生密切相关，小蜂螨的寄生也会诱发卷翅病。

图 9-9 蜜蜂卷翅病（Virgina W 摄）

第二节 常见的蜜蜂细菌性疾病及防治

一、美洲幼虫腐臭病

美洲幼虫腐臭病（简称美幼病）是蜜蜂的一种严重细菌性传染病，主要危害工蜂幼虫，造成幼虫在化蛹期大量死亡，蜂群迅速衰弱甚至全群死亡，雄蜂和蜂王幼虫也可受到感染。

症状 蜜蜂幼虫感病后，大部分在封盖后的末龄幼虫和预蛹期死亡，也有的在蛹期死亡。死虫黏附在巢房下壁，喙向上伸出，首先化脓腐烂，呈棕色胶状，具有强烈的酸败味和刺激性苯乙醇味，最后尸体干枯，干枯鳞片黏附在房壁，不易移出，蜜蜂常将病虫的房盖咬出小孔。

简易诊断 从患病蜂群提出封盖子脾检查，如发现上述症状，即可初步断定为美洲幼虫腐臭病。还可进一步通过拉丝法鉴定：将一根小棒或牙签插进腐烂幼虫的体内，然后轻轻地、慢慢地抽出，若感染美幼病，死亡的幼虫会粘在棒的顶端，在似弹性断裂之前，可拉长达2.5厘米，这一黏性性状为美洲幼虫病的典型症状（图9-10，图9-11）。

图 9-10 蜜蜂美幼病简易诊断

图 9-11 美幼病的拉丝现象（Smith M V 摄）

发病特点 美幼病的流行是由幼虫芽孢杆菌的芽孢引起，不同虫龄的蜜蜂幼虫对幼虫芽孢杆菌的敏感性差异非常大，1日龄幼虫对幼虫芽孢杆菌高度敏感。幼虫芽孢杆菌在蜜蜂群内可以通过错投和盗蜂传播，也可以通过分蜂在群间传播。幼虫芽孢杆菌的这种传播方式使得它成为蜜蜂一种传染性极强的疾病，只要在适宜的环境下就能萌发，所以美幼病的发病没有季节性，病害在一年中任何一个有幼虫的季节都有可能发生，但是一般在夏、秋季节发生相对较多。

气候和蜜源对发病有一定的影响，病群在大流蜜期到来时病情会减轻甚至“自愈”。

防治要点

① 掌握疾病的诊断方法，特别是蜂场的快速诊断方法，以便提早发现，及时处理。

② 每年春、秋两季对蜂箱、继箱、巢脾、蜂具进行仔细清理、消毒，普遍进行蜂群检疫。

③ 发现蜜蜂病害时，立刻处理，并用喷灯烧烤蜂箱内壁，病情较轻的蜂群，采取换箱换脾，彻底消毒蜂箱蜂具，结合饲喂药物有可能治愈；同时通报附近的蜂场采取预防措施，有经验的专业养蜂户要帮助新养蜂者防治该病，以免该病的传播造成普遍感染。

④ 饲养强群，选育抗病品种（品系），增强蜜蜂自身的抗病能力。

⑤ 尽量少用或不用抗生素，在必须采用药物控制的情况下，严格按照规定的用量进行饲喂，严禁使用已经禁用的抗生素。在采蜜期前一个月内，禁止使用抗生素。而且前期用过药的蜂群，前几次所摇蜂蜜要单独存放，以防污染商品蜂蜜。

二、欧洲幼虫腐臭病

欧洲幼虫腐臭病（简称欧幼病）是一种蜜蜂幼虫病害，目前该病发生于几乎所有养蜂国家。我国于20世纪50年代初在广东首次发现，60年代初南方很多省相继出现，随后蔓延全国。该病不仅危害西方蜜蜂，对东方蜜蜂尤其是中蜂的危害比西方蜜蜂严重得多。

症状 本病潜伏期一般为2～3天，以3～4日龄未封盖幼虫死亡为特征。患病后，虫体变色，从珍珠般白色变为淡黄色、黄色、浅褐色，直至黑褐色（图9-12），失去肥胖状况。变褐色后，幼虫气管系统清晰可见，并可见白色、呈窄条状背线。尸体软化、干缩于巢房底部，无黏性但有酸臭味，易被工蜂清除而留下空房，与子房相间形成“插花子

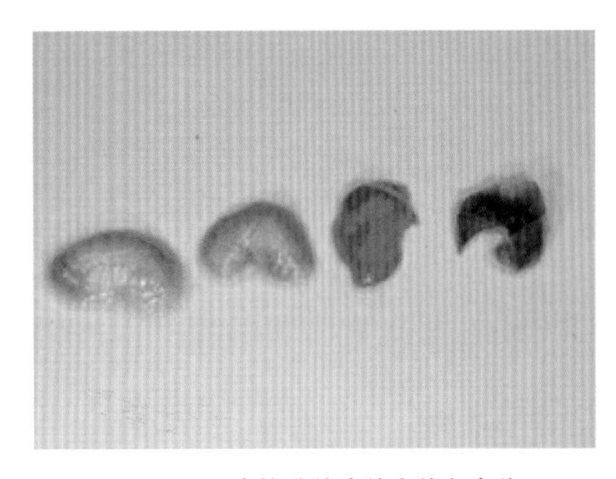

图 9-12 蜜蜂欧幼病幼虫体色变化
（Kaspar Ruoff 摄）

图 9-13 感染欧幼病的幼虫
（Eva Forsgren 摄）

脾”。由于幼虫大量死亡，蜂群中长期只见卵、虫，不见封盖子（图9-13）。

简易诊断 发现可疑为欧洲蜜蜂幼虫腐臭病的蜂群，抽取2～4天的幼虫脾1～2张，仔细检查子脾上幼虫的分布情况。若发现虫、卵交错，幼虫位置混乱，颜色呈黄白色或暗褐色，无黏性，易取出，背线明显，有酸臭味，结合流行病学可初步诊断为欧洲蜜蜂幼虫腐臭病（图9-14），可进一步做实验室诊断确诊。

发病特点 被污染的蜂蜜、花粉、巢脾是主要传染源。病原菌能在尸体及蜜粉脾、空脾中存活多年。蜂群内一般通过内勤蜂饲喂和清扫活动进行传播，饲喂工蜂是主要传播者。蜂群间主要通过盗蜂和迷巢蜂进行传播。

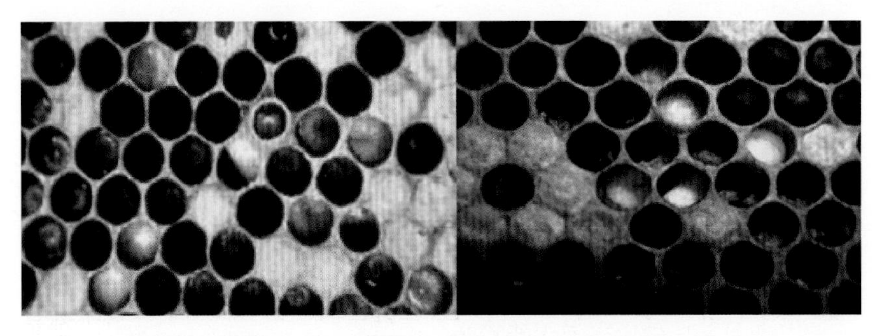

图 9-14 蜜蜂欧幼病的典型症状（引自 Fera National Bee Unit）

若不遵守卫生操作规程，任意调换蜜箱、蜜粉脾、子脾以及出售蜂群、蜂蜜、花粉等商业活动，都可导致疫病在蜂群间及地区间传播。蜜蜂幼虫，各龄及各个品种未封盖的蜂王、工蜂、雄蜂幼虫均可感染，尤以1～2日龄幼虫最易感，成蜂不感染；东方蜜蜂比西方蜜蜂易感，在我国以中蜂发病较严重。

本病多发生于春季，夏季少发或平息，秋季可复发，但病情较轻。其次，该病易感染群势较弱的蜂群，强群很少发病，即使发病也常常可以自愈。

防治要点　加强饲养管理，紧缩巢脾，注意保温，培养强群。患病严重的蜂群，最好也是最经济的处理方法就是进行集中烧毁。感病较轻的蜂群，要进行换箱、换脾，并用下列任何一种药物进行消毒。

① 用50毫升/米^{3}福尔马林煮沸熏蒸24小时。

② 0.5%次氯酸钠或二氧异氰尿酸钠喷雾。

② 0.5%过氧乙酸液喷雾。

三、蜜蜂败血病

蜜蜂败血病属于成蜂病，目前广泛发生于世界各养蜂国家，在我国北方沼泽地带时有此病发生，常发生于西方蜜蜂。

症状　病蜂初期运动迟缓，身体随后僵硬，蜂群表现为烦躁不安，不取食，也无法飞翔，后迅速死亡，死后由于活动关节间肌肉分解，头部、胸部、腹部分离脱落，甚至翅、足、触角、口器也分离脱落。血淋巴变成乳白色，浓稠。可根据上述症状进行简易诊断。

发病特点　该病细菌的侵染途径是通过气门进入，高温有助于败血病的传播，故病害主要发生在春季及初夏多雨季节，传染源主要是污水坑、沼泽地。

防治要点

① 蜂场应选在干燥之处，垫高蜂群，注意通风。

② 注意蜂群内降湿，经常在蜂场设置清洁水源供蜜蜂采集。

四、蜜蜂副伤寒病

症状　蜜蜂副伤寒病是由蜂房哈夫尼菌引起的传染病，是一种蜜蜂成蜂病。患病蜜蜂主要表现为腹部膨大，行动迟缓，不能飞翔，有时不定期出现下痢等副伤寒典型症状。发病严重时，巢门口和箱底到处都是

死蜂，病蜂的粪便堆积在箱底，发出极其难闻的味道。解剖病蜂，其中肠灰白色，中、后肠膨大，后肠积满棕黄色粪便。可根据上述症状进行简易诊断。

发病特点 该病多发生在冬、春两季，绝大部分出现在西方蜜蜂上，很多国家都出现过，我国也多有发生。这种细菌对外界不良环境抵抗力较弱，污水是该病的传染源，病原菌可在污水坑中生活，春季蜜蜂采水时将病菌带入蜂群。

防治要点 对此病一般要以预防为主，在越冬时要留足饲料，并在蜂场设置清洁的水源，晴暖时还应促使蜂群排泄飞行。

第三节 常见蜜蜂真菌性疾病及防治

一、白垩病

白垩病是蜜蜂幼虫的一种传染性真菌病，多发生于春季或初夏，特别是在阴雨潮湿的条件下容易发生，主要分布于北美洲、亚洲及新西兰。我国于1990年爆发，1991年首次报道，已列为蜜蜂进口的检疫对象，目前在全国范围内流行，仅发生在西方蜜蜂上，危害较为严重。

引起蜜蜂白垩病的病原是蜂球囊菌，蜂球囊菌孢子在干燥状态下，存活时间很长。白垩病幼虫、死亡幼虫尸体，以及被污染的饲料，蜂具等都是传染源，一旦感染，患病幼虫无一存活。

图 9-15 石灰块状蜜蜂尸体

症状 蜜蜂白垩病主要侵害蜜蜂幼虫，而雄蜂幼虫最易感染，其原因是雄蜂幼虫多在巢脾边缘之故。幼虫发病后深黄色或白色，继后发生石灰化，逐渐变为灰白色至黑色，死亡幼虫尸体干枯后变成一块质地疏松的垩状物，体表覆盖一层白菌丝，工蜂可将这种干碎尸片拖出巢房，一般在箱底和巢门外的地面可看见石灰块状尸体（图9-15）。严重感病的蜂群失去产浆和产蜜能力，甚至造成全场灭亡。可根据典型症状进行简易诊断（图9-16）。

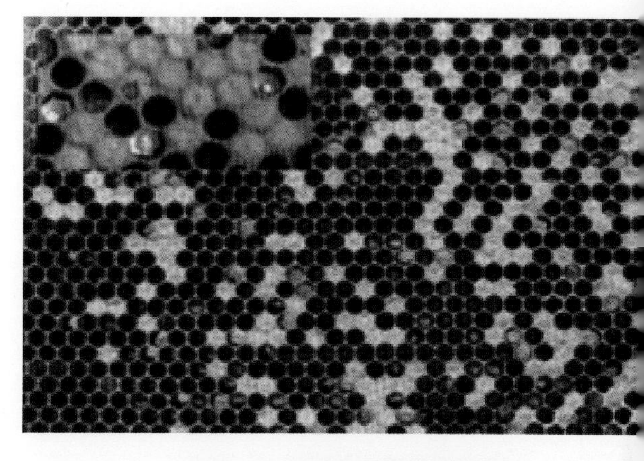

图 9-16　巢房中白垩病感病症状
（Smith M V 摄）

发病特点　病死幼虫和被污染的饲料、巢脾等是本病的主要传染源。蜜蜂幼虫食入污染的饲料，孢子在肠内萌发，长出菌丝并可穿透肠壁。大量菌丝使幼虫后肠破裂而死，并在死亡虫体表形成孢子囊。主要感染蜜蜂幼虫，尤以雄蜂幼虫最易感。成蜂不感染。蜂巢温度从35℃下降至30℃时，幼虫最易感染。因此在蜂群大量繁殖时，由于保温不良或哺育蜂不足，巢内幼虫受冷此时最易感病。每年4 ~ 10月发生，4 ~ 6月为高峰期。潮湿、过度的分蜂、饲喂陈旧发霉的花粉、应用过多的抗生素以至于改变蜜蜂肠道内微生物菌群结构以及蜂群较弱等，都可诱发本病。

防治要点　蜜蜂白垩病是一种真菌侵害的顽固性传染病，传染力强，幼虫感染后100%死亡，且不易根治，因此，应常年采取综合措施进行防治。

① 严格消毒。凡是白垩病污染过的蜂箱、巢脾都需用福尔马林或高锰酸钾严格熏蒸消毒杀菌。因受真菌污染的花粉和巢脾最容易传播白垩病或黄曲霉病，所以购买的花粉必须经过消毒处理才可以作蜜蜂饲料。

② 采取综合饲养管理，提高蜂群的抗病力。增加蜂群群势，使蜂多于脾，以便控制真菌繁殖；实行定地饲养与小转地饲养相结合，适时奖励饲喂，饲料要严格保持清洁卫生，适当加入3%柠檬酸钠以助消化，蜂胶不宜取太多，保留部分蜂胶有利用蜂群抑制病菌繁殖；更换患病群的蜂王和患病蜂具；场地保持干燥、向阳、通风、不潮湿；彻底治理蜂螨；增强蜂群对疾病的抵抗力，培养抗病力强的蜂种，逐步形成规模防御病害的蜂群。

③ 对清理能力较强的蜂群或抗白垩病的蜂群，应留作育种素材，培育抗病蜂群，并取代易感病的蜂王；喂一些起抑制作用的毛霉目的霉菌

来杀死白垩病菌。

防治小经验 目前该病还不能彻底治愈，尽管有些药物对治疗白垩病有很好的效果，但地区不同，疗效也有非常大的差异，常采用以下经验方法来治疗或预防白垩病。

① 将患病群换入已消毒的蜂箱和巢脾，补充饲料，并在箱底撒一些干石灰，换下的蜂箱用热氢氧化钠溶液浸洗，换下空巢脾用硫黄或二氧化硫密闭烟熏消毒4小时以上，硫黄用量按10框3～5克计算。

② 将病重的子脾烧毁。

③ 饲喂0.5%麝香草酚糖浆，每群每次200～300毫升，隔3日1次，连续喂3～4次。麝香草酚不溶于水，先将麝香草酚5克溶于少量95%乙醇，然后兑入1千克糖浆。

二、黄曲霉病

黄曲霉病又称结石病，是危害蜜蜂的真菌性传染病。该病不仅可以引起蜜蜂幼虫死亡，而且也能使成年蜂致病。黄曲霉病分布较广泛，世界上养蜂国家几乎都有发生，温暖湿润的地区尤易发病，现仅发生于西方蜜蜂中。

症状 患病幼虫可能是封盖的，也可能是未封盖的，患病初期呈苍白色，以后虫体逐渐变硬，表面长满黄绿色的孢子和白色菌丝，充满巢房的一半或整个巢房，轻轻振动，孢子便会四处飞散。大多数受感染的幼虫和蛹死于封盖之后，尸体呈木乃伊状坚硬。成蜂患病后，表现不安，身体虚弱无力，行动迟缓，瘫痪，腹部通常肿大，失去飞翔能力，常常爬出巢门而死亡。死蜂身体变硬，不腐烂，在潮湿条件下，可长出菌丝。

发病特点 黄曲霉病发生的基本条件是高温潮湿，所以该病多发生于夏季和秋季多雨季节。传播主要是通过落入蜂蜜或花粉中的黄曲霉菌孢子和菌丝，当蜜蜂吞食被污染的饲料时，分生孢子进入体内，在消化道中萌发，穿透肠壁，破坏组织，引起成年蜜蜂发病。当蜜蜂将带有孢子的饲料饲喂幼虫时，孢子和菌丝进入幼虫消化道萌发，引起幼虫发病。此外，当黄曲霉菌孢子直接落到蜜蜂幼虫体时，如遇适宜条件，即可萌发，长出菌丝，穿透幼虫体壁，致幼虫死亡。

防治要点 蜂场应选择干燥向阳的地方，避免潮湿，应时常加强蜂群通风，扩大巢门，尤其雨后应尽快使蜂箱干燥。对患病蜂群的巢脾和蜂箱消毒，撤出蜂群内所有患病严重的巢脾和发霉的蜜粉脾，淘汰或用二氧化硫（或硫黄）密闭熏蒸。患病蜂群防治方法及用量均同白垩病。

第四节　常见蜜蜂寄生虫病及防治

一、蜜蜂孢子虫病

蜜蜂孢子虫病又称微粒子病，是成年蜂较为流行的消化道传染病。该病不仅西方蜜蜂感染而且中华蜜蜂也可感染，不仅感染工蜂，而且蜂王和雄蜂也感病。有研究表明，患微孢子虫病的蜜蜂比健康蜜蜂寿命缩短。由于患病蜜蜂体质衰弱，寿命缩短，采集力和腺体分泌能力明显降低，生产季节发病则严重影响蜂蜜、蜂王浆的产量及泌蜡造脾能力。微孢子虫病在春季发病则直接影响蜂群的繁殖和发展，秋季发病则影响蜂群的安全越冬，造成下一年蜂群的衰弱，冬季由于越冬饲料不良易诱发孢子虫滋生，患病蜜蜂产生下痢，严重者可以造成蜂群死亡。

症状　患孢子虫病的蜜蜂腹部膨大，其症状容易与麻痹病、下痢病相混淆，国内养蜂人员常将孢子虫病统称为大肚子病。患孢子虫病的意大利蜜蜂腹部不膨大，而且多数病蜂表现出身体瘦小，患病蜜蜂发病初期外部病状不明显，随着病情的发展，逐渐表现出病状，行动迟缓，萎靡不振，后期则失去飞翔能力。病蜂常集中于巢脾下部边缘和蜂箱底部，也有的病蜂爬在巢脾框梁上，由于病蜂常受到健康蜂的驱逐，所以有些病蜂的翅膀出现缺刻，许多病蜂在蜂箱巢门前和蜂场场地上无力爬行。典型症状是病蜂腹部末端呈暗黑色，第一、二腹节背板呈棕黄色略透明。

简易诊断　拉取可疑患病病蜂中肠，观察肠道颜色，形状和环纹，若中肠为灰白色，膨大，表面环纹模糊不清，即可初步诊断为患孢子虫病（图9-17）。

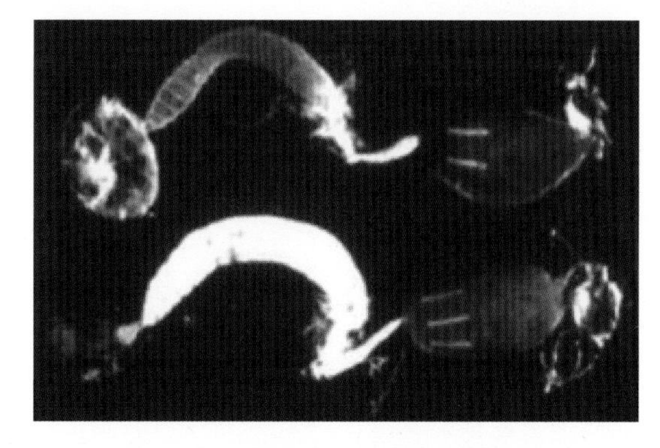

图 9-17　感染微孢子虫后的中肠的变化
（上图为正常蜜蜂消化道，下图为感染孢子虫的工蜂消化道）

发病特点　感染孢子虫病的蜜蜂体内含有大量孢子虫，试验调查结果表明感染孢子虫12天后其肠道内含有568万～3050万个孢子，大量孢子虫随粪便排出体外，污染蜂箱、巢脾、蜂蜜、花粉，尤其当病蜂伴有下痢症状时，污染更为严重，健康蜂进行清理活动或取食花粉、蜂蜜时，孢子便经蜜蜂口器进入消化道，并在肠道内发育繁殖。另外，饲料缺乏、盗蜂、迷巢蜂也容易造成孢子虫传播，饲喂含有孢子虫的蜂蜜、花粉，造成重复感染；养蜂人员的不卫生操作和水源污染都可造成孢子虫侵染。

孢子虫病的发生与温湿度关系较密切，因而有明显的季节变化。我国南方江、浙地区发病高峰期在春季的3～4月份。夏季气温高，不适宜孢子虫的发育繁殖，孢子虫病则急剧下降，患病轻微的蜂群，此时病情处于隐蔽阶段，病蜂也无症状表现，华北、东北、西北地区发病高峰期出现在4～6月份。而两广及云南、四川平原地区，发病高峰出现在2～3月份。北京地区，晚秋季节，气温低，孢子虫病也降到最低点，冬季无此病发生。蜂群越冬饲料不良，尤其是含有甘露蜜的情况下，易引起蜜蜂消化不良，促使孢子虫病发生；在蜂群内任何年龄的蜜蜂都可感染，在自然界中，幼年蜂和老龄蜂很少感病，原因是最幼年的蜜蜂没有吞食孢子虫，老龄蜂大约是逃过了染病期，或是某一时期曾感染过轻微的疾病，而后痊愈了。不管多么严重感病的蜂群，幼虫和蛹都是安然无恙的，在自然情况下，雄蜂和蜂王偶然也可染病，在蜂群中，工蜂感病最多，通常发病率可达10%～20%，甚至更高。蜂群摆放的位置与病情也有关系，蜂群放置在阳光充足、地势高的地方比阴暗、地势低凹处发病减轻。蜂种之间也有差异，通常西方蜜蜂发病较普遍且较重，而中蜂很少发病。

防治要点

①更换病群蜂王。蜂群的越冬饲料要求不含甘露蜜，北方蜂群越冬室温保持在2～4℃，并有干燥和通风环境。早春及时更换病群的蜂王。

②消毒。对养蜂用具、蜂箱、巢脾等在春季蜂群陈列以后要进行彻底消毒，蜂箱、巢框可用2%～3%氢氧化钠清洗，或用喷灯进行火焰消毒。巢脾可采用4%福尔马林溶液或福尔马林蒸气、冰醋酸消毒。

③药物治疗。采用烟曲霉素治疗孢子虫病效果较好。

防治小经验 根据孢子虫在酸性溶液里可受到抑制的特性，选择糖浆加柠檬酸或米醋或山楂水配置成酸性糖浆（浓度是1千克糖浆内加柠檬酸1克，或者米醋50毫升，或者山楂水50毫升），早春结合对蜂群奖励饲喂，任选一种喂蜂。

二、大蜂螨

大蜂螨的原始寄主是东方蜜蜂，在长期协同进化过程中，已与寄主形成了相互适应关系，在一般情况下其寄生率很低，危害也不明显。20世纪初，西方蜜蜂引入亚洲，大蜂螨逐渐转移到西方蜜蜂蜂群内，造成严重危害，才引起人们的高度重视。如今，除澳大利亚、夏威夷和非洲的部分地区没有发现大蜂螨外，全世界只要有蜜蜂生存的地方就有大蜂螨的危害（图9-18、图9-19）。

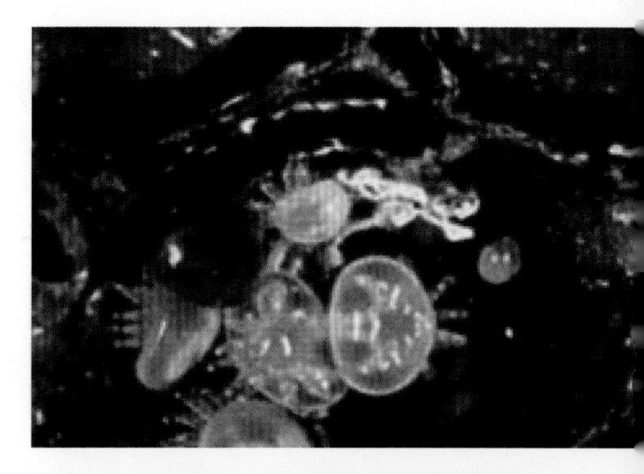

图 9-18　蜂巢底部的大蜂螨家族（Denis A 摄）

图 9-19　大蜂螨的成虫（罗其花摄）

症状　大蜂螨对中蜂等东方蜜蜂危害不大，但对西方蜜蜂群危害极大。通常感染大蜂螨的最初两三年对蜂群的生产能力无明显影响，亦无临床症状，但到第四年，蜂群中蜂螨的数量能超过3000只，最高纪录为1万只。一个巢房中可能同时寄生数只雌螨。大蜂螨不仅吮吸幼虫和蛹的血淋巴，造成大量被害虫蛹不能正常发育而死亡，或幸而出房，也是翅足残缺，失去飞翔能力，危害严重的蜂群，群势迅速下降，子烂群亡；它们还寄生成年蜜蜂，使蜜蜂体质衰弱，烦躁不安，影响工蜂的哺育、采集行为和寿命，使蜂群生产力严重下降以致整群死亡。此外，大蜂螨还能够携带蜜蜂急性麻痹病毒、慢性麻痹病病毒、克什米尔病毒、白垩病菌等多种微生物，并从伤口进入蜂体，引起蜜蜂患病死亡。

简易诊断　可根据螨害的主要症状来进行诊断，主要表现为幼虫房内死虫死蛹，成蜂的工蜂和雄蜂畸形，四处乱爬，无法飞行。打开巢房可看见各虫态的大蜂螨，具体诊断方法可见小蜂螨部分。

另一种简易的检查办法是箱底检查，在箱底放一白色的黏性板（图9-20），涂上一层凡士林或其他黏性物质，或者用一带黏性的纸，几天后检查纸板，观察有无大蜂螨。

发病特点及传播规律　大蜂螨的生活史可分为体外寄生期和蜂房内

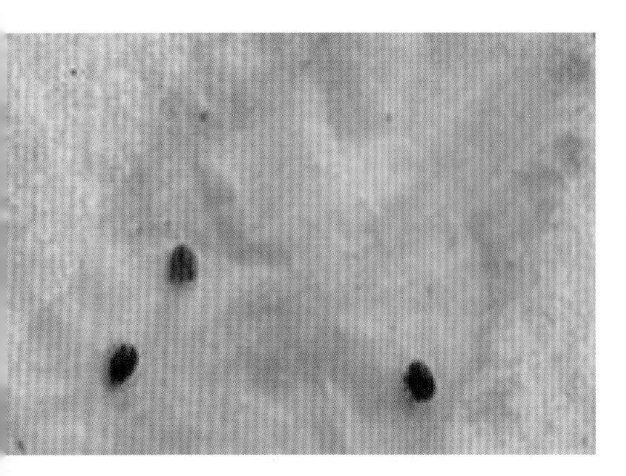

图 9-20　用白色黏性板黏附的大蜂螨

的繁殖期。蜂螨完成一个世代必须借助于蜜蜂的封盖幼虫和蛹来完成。对于长年转地饲养和终年无断子期的蜂群，蜂螨整年均可危害蜜蜂。北方地区的蜂群，冬季有长达几个月的自然断子期，蜂螨就寄生在工蜂和雄蜂的胸部背板绒毛间，翅基下和腹部节间膜处，与蜂群的冬团一起越冬。越冬雌成螨在第二年春季外界温度开始上升，蜂王开始产卵育子时从越冬蜂体上迁出，进入幼虫房，开始越冬代螨的危害。以后随着蜂群发展，子脾的增多，螨的寄生率迅速上升。

通常，季节的变化影响蜂群群势的消长。春季和秋季蜂群群势小，螨的感染率显著增加，夏季群势增大，螨的寄生率呈下降趋势。

大蜂螨传播方式主要有远距离跨国蜂群间传染和短距离蜂群间传染。目前大蜂螨多数是从有螨害地区进口蜂群再通过蜂群转地接触发生的，不同地区的螨类传播可能是蜂群频繁转地造成的。蜂场内的蜂群间传染，主要通过蜜蜂的相互接触。盗蜂和迷巢蜂是传染的主要因素。

防治要点　养蜂实践中，应根据蜂螨的生活、繁殖、危害规律等生物学习性，早预防，早发现，早治疗，采取季节性防治措施，在不同的季节使用不同的药物和方法。

① 早春治螨。早春治螨可灵活掌握，主要看蜂群有没有越冬余螨。试治几群，一旦发现有余螨，为防后患，一定要彻底根治。这时治螨要用水剂喷治，时间最好放在蜂王产卵或刚产卵才进入春繁期，一般选择无风晴天午后蜜蜂归巢前，喷药后蜜蜂能再飞一次为好，以防药味不能挥发致使蜜蜂外爬冻死。不宜用螨片，使用螨片会使蜂群飞逃。

② 夏季治螨。这次治螨时间可放在7月上旬荆条花期前，选用药物螨片、水剂均可，一定要用正规厂家出的产品。螨片，一般10 框以上群势挂2 片，分别挂在两边脾里边蜂路处；小群挂一片或一片分成两段分别挂在两边脾里边蜂路两头处。水剂每周喷治一次，连续喷治3 周。喷治时要顺脾喷药，不要把药液喷入虫卵房内，以免幼虫受害，药液要喷匀，防止部分蜂螨漏掉继续繁殖，危害蜂群。

③ 秋季治螨 (8月中、下旬)。秋季是螨害多发期，又是小蜂螨盛繁期，如果前2 次治螨效果好，螨害不太严重,可采取一般的防治。要是螨害严重,特别是小蜂螨盛行，必须采取有效措施进行杀治。主要是用升华硫粉剂和硫黄熏脾。具体办法:用升华硫装在稀布袋内来擦脱掉蜂的子脾或顺蜂路撒治 (注意控制用量)。另外，脱蜂后可用硫黄点燃熏脾。空脾、虫卵脾、老子脾分批进行。熏空脾时间可长些，子脾熏5 ~ 6 分钟。熏后稍晾片刻再返还蜂群。也可把老子脾集中在一些小群里借换王的机会再次熏脾治螨。这次治螨也是为培养健康越冬蜂作准备。

④ 秋末断子治螨。秋末培养越冬蜂扣王断子待老子出完后分别用3种不同的水剂螨药，隔天连喷3 次，直至不见落螨为止。

总之，每年只要抓住这几个关键时刻治螨，基本上不会出现严重螨害。

防治方法

① 热处理法防治。大蜂螨发育的最适温度为32 ~ 35℃，42℃出现昏迷，43 ~ 45℃出现死亡。因此利用这一特点，把蜜蜂抖落在金属制的网笼中，以特殊方法加热并不断转动网笼在41℃下维持5分钟，可获得良好的杀螨效果。这种物理方法杀螨可避免蜂产品污染，但由于加热温度要求严格，一般在实际生产中应用不便。

② 粉末法。各种无毒的细粉末，如白糖粉，人工采集的松花粉、淀粉和面粉等，都可以均匀地喷洒在蜜蜂体上，使蜂螨足上的吸盘失去作用而从蜂体上脱落。为了不使落到蜂箱底部的活螨再爬到蜂体上，并为了从箱底部堆积的落螨数来推断寄生状况，应当使用纱网落螨框。使用时，落螨框下应放一张白纸，并在纸上涂抹油脂或黏胶，以便黏附落下的瓦螨。粉末对蜜蜂没有危害，但是只能使部分瓦螨落下，所以只能作为辅助手段使用。

③ 化学法。用各种药剂来防治蜂螨是最普遍采用的方法。已有的治螨药物很多，而且新的药物不断地被筛选出来，养蜂者可根据具体情况使用。选择药物时要考虑到对人畜和蜜蜂的安全性和对蜂产品质量的影响，应杜绝滥用农药如敌百虫、杀虫脒等治螨的作法。另外，应交替使用不同的药物，以免因长期使用某一种药物而产生耐药性。

常用的治螨药物有甲酸、乳酸、草酸等，这些有机酸都有杀螨的效果，其中以甲酸的杀伤力最强。在欧洲有商品化的甲酸板出售，美国则制成了甲酸黏胶。中国农业科学院蜜蜂研究所研制生产的杀螨一号是一种非脒类杀螨剂，对大蜂螨毒性强。此外，高效杀螨片（螨扑）也是目前使用最广泛的药物之一，其特点是方便操作，其有效成分为氟胺氰菊

酯，对蜜蜂安全。但长期使用蜂螨会产生耐药性。还有一些药物如萘、升华硫合剂，萘、聚甲醛合剂等也在生产上有一定的推广。

防治小经验 在养蜂生产中，可以用适当的饲养管理措施来减少寄生瓦螨的数量，维护正常的养蜂生产。主要经验如下。

① 利用雄蜂脾诱杀。雄蜂蛹可为瓦螨提供更多的养料，一个雄蜂房内常有数只瓦螨寄生、繁殖。所以可利用瓦螨偏爱雄蜂虫蛹的特点，用雄蜂幼虫脾诱杀瓦螨，控制瓦螨的数量。春季蜂群发展到10框蜂以上时，在蜂群中加入安装上雄蜂巢础或窄形巢础的巢框，让蜂群建造整框的雄蜂房巢脾，蜂王在其中产卵后20日，取出雄蜂脾，脱落蜜蜂，打开封盖，将雄蜂蛹及瓦螨震出。空的雄蜂脾用硫黄熏蒸后可以加入蜂群继续用来诱杀瓦螨。可为每个蜂群准备两个雄蜂脾，轮换使用。每隔16 ~ 20日割除一次雄蜂蛹和瓦螨。

② 采用人工分群。春季，当蜂群发展到12 ~ 15框蜂时，采用抖落分蜂法从蜂群中分出5框蜜蜂。每隔10 ~ 15天可从原群中分出一群5框分群，在大流蜜期前的一个月停止分群。早期的分群可诱入成熟王台，以后最好诱入人工培育的新产卵的蜂王。给分群补加蜜脾或饲喂糖浆。新的分群中只有蜜蜂而没有蜂子，蜂体上的瓦螨可用杀螨药物除杀。

三、小蜂螨

小蜂螨（图9-21）是亚洲地区蜜蜂科的外寄生虫。它的原始寄主是大蜜蜂，但小蜂螨能够转移寄主，感染蜜蜂科的西方蜜蜂、大蜜蜂、黑大蜜蜂和小蜜蜂。有报道东方蜜蜂（如中蜂）中已发现小蜂螨，但还未见其在东方蜜蜂幼虫上繁殖的报道。

症状和危害 如果小蜂螨不加控制，蜂群很快就死亡。在感染西方蜜蜂时，小蜂螨以吸食封盖幼虫、蛹的血淋巴为生，常导致大量幼虫变形或死亡，勉强羽化的成蜂通常表现出体型和生理上的损害，包括寿命缩短，体重减轻，以及体型畸形，如腹部扭曲变形，残翅、畸形足或没有足。当蜂群快崩溃的时候，在巢门口经常会看到受严重感染的幼虫、蛹和大量爬蜂。严重感染的蜂群，由于大量幼虫和蛹的死亡还常发出腐臭味，在这种情况下，蜂群往往选择举群迁逃，这又反过来加速了小蜂螨的传播。研究表明，无王群比有王群感染更严重。

简易诊断 开箱后检查封盖子脾，观察封盖是否整齐，房盖是否出现穿孔，幼蜂是否死亡或畸形，工蜂有无残翅以及巢门口的爬蜂情况。最典型的症状是，当用力敲打巢脾框梁时，巢脾上会出现赤褐色的，长

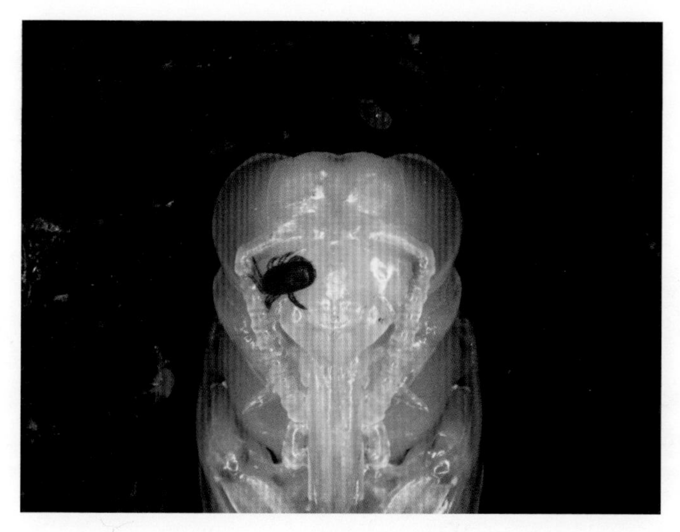

图 9-21　小蜂螨（罗其花摄）

椭圆状并且沿着巢脾面爬得很快的螨，这些都是小蜂螨感染的特征。小蜂螨体型长大于宽，行动敏捷，在巢脾上快速爬行，容易被看到，因此诊断比大蜂螨容易。

另一种简易的检查办法是箱底检查，在箱底放一白色的粘性板，可以用广告牌、厚纸板或其他白色硬板来制作，外面可以涂上一层凡士林或其他黏性物质，或者用一带粘性的纸，几天后检查纸板，观察有无小蜂螨。

发生规律和传播途径　有研究表明，中国小蜂螨在一年中的消长与蜂群所处的位置、繁殖状况以及群势有关。在北京地区，每年6月以前，蜂群中很少见到小蜂螨，但到7月以后，小蜂螨的寄生率急剧上升，到9月份即达到最高峰，11月上旬以后，外界气温下降到10℃以下，蜂群内又基本看不到小蜂螨。在我国南方地区，对于连续有幼虫的蜂群，小蜂螨可以终年繁殖。即使在冬季蜂子较少的时候，也可以在有限的幼虫房里持续繁殖；繁殖期早和产卵持续时间长的蜂群受小蜂螨感染的概率高。外界蜜粉源植物的花粉和分泌的花蜜的质量和数量直接影响了幼虫数量的增减，而幼虫数量的变动则直接影响了小蜂螨种群的波动。这也是为什么蜂农需要定期对蜂群进行治疗的原因。

小蜂螨靠成年雌螨扩散和传播，通常一部分雌螨留在原群，在巢脾上快速爬行以寻找适宜的寄主，其他携播螨藏匿在成蜂胸部和腹部之间。小蜂螨蜂群间的自然扩散依靠成年工蜂的错投、盗蜂和分蜂等，这是一种长距离的缓慢传播。但是小蜂螨的传播主要归因于养蜂过程中的日常管理，蜂农的活动为小蜂螨的传播提供了方便，如受感染蜂群和健康蜂群的巢脾、蜂具等混用，使得小蜂螨在同一蜂场的不同蜂群和不同蜂场间传播。其中转地商业养蜂中，感染蜂群经常被转运到新地点，这是一种最主要，最快的传播方式。

防治要点及方法

（1）生物法防治

① 断子法。根据小蜂螨在成蜂体上仅能存活1 ~ 2天，不能吸食成蜂血淋巴这一生物学特性，可采用人为幽闭蜂王或诱入王台、分蜂等断子的方法治螨。

② 雄蜂脾诱杀。利用小螨偏爱雄蜂虫蛹的特点，用雄蜂幼虫脾诱杀小蜂螨，控制小蜂螨的数量。在春季蜂群发展到10框蜂以上时，在蜂群中加入雄蜂巢础，迫使建造雄蜂巢脾，待蜂王在其中产卵后第20个工作日，取出雄蜂脾，脱落蜜蜂，打开封盖，将雄蜂蛹及小蜂螨震出销毁。空的雄蜂脾用硫黄熏蒸后可以加入蜂群继续用来诱杀小蜂螨。通常每个蜂群准备两个雄蜂脾，轮换使用。每隔16 ~ 20日割除一次雄蜂蛹，以此来达到控制小蜂螨的目的。

（2）化学防治

① 硫黄燃烧。利用硫黄燃烧时产生的二氧化硫熏烟治小螨。方法是抖落蜜蜂，按卵虫脾、蜜粉脾、封盖子脾分成两类，在气温32 ~ 35℃的条件下，每标准箱加两继箱，继箱内放满巢脾，巢箱空出，每箱体用药5克，置于点燃的喷烟气中，迅速对准巢门喷烟，密闭巢门。卵虫及蜜粉脾熏治时间不超过1分钟，可彻底杀灭卵虫脾和蜜粉脾上的小蜂螨。封盖子脾熏治不超过5分钟，可杀灭封盖子脾蛹房内的小蜂螨。使用硫黄燃烧熏螨时，要注意严格掌握好熏烟时间，防止中毒。

② 升华硫。升华硫防治小蜂螨效果较好，可将药粉均匀地撒在蜂路和框梁上，也可直接涂抹于封盖子脾上，注意不要撒入幼虫房内，以免造成幼虫中毒。为有效掌握用药量，可在升华硫药粉中掺入适量的细玉米面做填充剂，充分调匀，将药粉装入一大小适中的瓶内，瓶口用双层纱布包起。轻轻抖动瓶口，撒匀即可。涂布封盖子脾，可用双层纱布将药粉包起，直接涂布封盖子脾。一般每群（10足框）用原药粉3克，每

隔5～7天用药1次，连续3～4天为一个疗程。用药时，注意用药要均匀，用药量不能太大，以防引起蜜蜂中毒。

③ 氟胺氰聚酯。很多用来防治大蜂螨的药剂也可以有效防治小蜂螨。高温季节蜂群通常会受到大蜂螨和小蜂螨的共同危害，蜂农常用缓释型氟胺氰聚酯来控制大、小蜂螨感染。将塑料片在氟胺氰聚酯中浸透，制成螨扑，再将其挂在蜂箱里一周，为提高防治效果，最好采用螨扑结合升华硫防治。

④ 甲酸。可用85%的甲酸来防治小蜂螨。制作一根固定长度的棉布条，用5毫升的甲酸浸湿，放入蜂群14天。或者用一碟子盛20毫升65%的甲酸，放入箱顶使其挥发，但要注意甲酸有腐蚀性，小心灼烧手和脸部皮肤。

⑤ 烟草烟雾。烟草的烟雾也可以使处于携播期的小蜂螨死亡。

⑥ 硝酸钾混合液。在有些国家和地区，蜂农将滤纸放入硝酸钾（浓度15%）和阿米曲士（浓度12.5%）的混合溶液中浸透（注意：阿米曲士只需滴几滴即可），取出晾干，晾干后点燃滤纸放入蜂箱底部，据报道，这种烟雾会导致大量小蜂螨死亡。

采用以上化学法进行蜂螨防治时，一定要按照说明书的使用剂量进行，以免对蜂群产生危害以及造成药物在蜂产品中的残留。

第五节　蜜蜂常见敌害及防治

一、巢虫

巢虫（图9-22）又叫蜡蛀虫，是蜡螟的幼虫，常见的有大蜡螟和小蜡螟。在夏末秋初，如果将巢脾从蜂群中提出来，容易遭受蜡螟的危害，若将巢脾贮藏在温暖的室内，就会加剧蜡螟的泛滥。

症状　由于巢虫在巢脾上穿隧道，蛀食蜡质，吐丝作茧，不但严重毁坏巢脾，而且还造成蜜蜂幼虫或蛹死亡，引起所谓的“白头病”，严重时还会引起蜂群飞逃，尤以中蜂受害较为严重，因此巢虫是蜜蜂的主要敌害。

危害特点　蜡螟白天隐藏在隙缝里，晚上出来活动。雌蛾和雄蛾在夜间交配，然后潜入蜂箱里产卵。每只大蜡螟雌蛾可产卵2000～3000粒，小蜡螟可产卵300～400粒。卵多产于蜂箱的缝隙、箱底的蜡屑中。

初孵化的幼虫先在蜡屑中生活，3 ~ 4天后上巢脾，然后在巢脾前或蜂箱壁及巢框等处啮成小坑，结茧化蛹，再羽化为成虫。巢虫可在巢房底部吐丝作茧，在巢脾中打隧道蛀坏巢脾和在巢脾上蛀食蜡质，并伤害蜜蜂幼虫和蜂蛹。被害蜂群轻则出现秋衰，影响蜂蜜的产量和质量，重者可致蜜蜂弃巢逃走，造成损失。

（a）　　（b）

图 9-22　巢虫的成虫

防治要点　冬季巢虫一般以卵的形态附着在巢脾上。因此应抓紧时机杀灭巢虫卵，防治方法如下。

① 冻脾。试验表明，在−8 ~ −7℃的低温下冻脾5 ~ 6小时，可以杀灭所有的巢虫卵、幼虫、蛹。因此，低温天气是冻脾的有利时机。具体做法是：每继箱放8 ~ 9脾，错开叠放在室外寒风侵袭处，一昼夜即可。

② 二硫化碳（或硫黄）密闭熏蒸。利用二硫化碳密闭熏蒸，可以杀死巢虫的卵、幼虫、蛹和成虫。经一次性处理，若无外部巢虫侵入，不会再有巢虫蛀食巢脾。利用二硫化碳熏蒸巢脾的具体做法是：每5 ~ 6个继箱为一叠，每继箱放8 ~ 9脾，放进用新塑料薄膜做成的、扎住一端的大口袋内，在最上部放一盘状器皿，其中注入200毫升左右的二硫化碳溶液（按每脾3 ~ 4毫升计算）然后扎住塑料袋上口即成。操作人员注意不要吸入二硫化碳。

防治小经验　藏匿于中蜂脾中的巢虫最难防治，硫黄熏杀，脾上的蜂幼虫、封盖子便与巢虫同归于尽；用太阳晒虽有效果，但在早春或晚秋阳光不足无法清除脾中巢虫。用电吹风，把虫害脾的两面吹热后，再用木棒敲击巢框上梁及侧条，巢虫便被逼出来。这样反复几次，脾中的巢虫就所剩无几了。

二、胡蜂

在众多的蜜蜂侵袭性病害中，胡蜂（图9–23）对蜜蜂的影响较大，常见的有金环胡蜂、墨胸胡蜂、黑盾胡蜂、基胡蜂、黄腰胡蜂、黑尾胡蜂和小金箍胡蜂等7种。

图9–23　胡蜂

危害症状

① 捕食蜜蜂。胡蜂在空中追逐捕食蜜蜂或在巢门前等候捕食进出的工蜂，捕捉到蜜蜂后即飞往附近树枝上或建筑物上，去除头、翅、腹后携带蜜蜂胸部回巢。小型胡蜂比大型胡蜂更灵活，捕食的成功率更高。

② 攻占蜂巢。群势较弱的蜂群，胡蜂可成批攻入，蜂群被迫弃巢飞逃或被毁灭。例如，金环胡蜂发现蜂巢后杀死蜜蜂带回自己的巢穴喂养幼虫，经几次往返后，在蜜蜂巢附近释放信息素进行标记以召唤同伴，并对来自同一蜂巢的胡蜂聚集在标记的蜜蜂巢前咬杀蜜蜂，1只胡蜂1分钟内能咬死多达40只蜜蜂；最后胡蜂会占据蜂巢，约10天后，把幼虫和蛹搬回自己的巢穴喂养幼虫。胡蜂攻占蜂巢一般只发生在秋季，由于此时正值胡蜂的繁殖高峰，需要大量的蛋白质，食物的需求迫使胡蜂冒险攻占蜜蜂蜂巢。

③ 胡蜂对蜜蜂活动的影响 。胡蜂对蜜蜂采集活动的影响主要取决于胡蜂在蜂箱门口滞留的时间，滞留时间越长，影响的程度就越大。黄腰胡蜂还能在雄蜂聚集区吸引雄蜂，当雄蜂靠近时就会冲向雄蜂，成功捕捉猎物后即飞离聚集区，这种模拟捕食干扰了蜂王的正常交配。

防治要点

① 预防与守护。为了防止胡蜂由巢门及蜂箱其他孔洞钻入箱中，应加固蜂箱和巢门。胡蜂危害严重时期，要有专人守护蜂场，及时扑打前来骚扰的胡蜂。胡蜂危害后，巢门前的死蜂要清除干净，避免下次胡蜂来时攻击同一箱蜜蜂。

② 毁巢。要根除胡蜂的危害，可用农药摧毁养蜂场周围的胡蜂巢。但许多胡蜂营巢隐蔽不易发现，或巢高空悬挂，难以举巢歼灭，因此可在养蜂场上捕擒来犯的胡蜂，给其敷药后再纵其归巢毒死其巢内其他胡蜂，最终达到毁其全巢的目的。

三、蚂蚁

危害症状 在蜜蜂饲养管理过程中，蚂蚁的危害可谓最为头痛的问题之一。特别是中蜂，由于中蜂的生物学特性很难维持强群，特别是中蜂喜静怕骚扰的特点。如果群势小于4脾，群势不强时，蜂群对蚂蚁的危害则是毫无办法。蚂蚁在蜂箱内四处爬行，有的甚至爬到巢脾上偷食蜂蜜、花粉、幼虫，时间一长蜂群会因为缺蜜或经不住骚扰，导致逐渐衰弱甚至死亡，给蜂场造成不必要的损失。

白蚁对蜜蜂的危害也非常大，一般在南方各省，如海南、广西等地，白蚁对蜂群的危害较为严重。白蚁主要以木质纤维为食，因此对蜂群的影响主要是破坏蜂箱，引起蜂箱寿命的缩短从而造成巨大损失。一般发现白蚁后，采用药物很容易治疗，但白蚁在蜂箱中留下的蚁穴通常又成为其他蚂蚁的良好寄生场所，这些蚂蚁对蜂群的危害将更加严重。

防治要点

① 架高蜂箱。每只蜂箱选用10 ～ 15厘米长的铁钉3 ～ 4枚（钉子直径不必过大，长度够就可以了，如果条件有限，可用长度相似的木桩代替），钉在蜂箱四角，钉入4 ～ 5厘米，尽量让钉子的高度在同一水平线上，或巢门方向可略低，使蜂箱呈前倾状，也可用3枚钉子呈正三角形状钉入蜂箱底部。然后对应钉子部位垫入砖头，一枚钉子对应一个砖头，砖头上放上高度低于10厘米的塑料瓶或玻璃瓶，口径小于5厘米的最好，这样可防止蜜蜂误入淹死，将瓶内注入机油或废机油，或注入1/2

的水和1/2的机油。这样做的好处是机油浮在上面，水分不易挥发，如换成清水一是水分容易蒸发，二是蜜蜂在采食水时易跌入瓶内被淹死。再将已钉入钉子的蜂箱角插入瓶中（注意：钉长部分要露出瓶口最少1厘米），然后调整好蜂箱的稳定性即可。同时要锄掉蜂箱周围的杂草，不要让杂草接触蜂箱，以免蚂蚁沿着杂草爬入蜂箱。

② 水淹法。在蜂箱四周挖出一条深10厘米左右、宽5厘米左右的小沟，小沟内用水泥抹光或垫入塑料布，然后注入清水，最后锄掉蜂箱四周杂草，防止蚂蚁借草过沟侵入蜂箱。此法虽然简单易行但容易使个别蜜蜂误跌入沟中淹死。

③ 捣蚁穴巢。找到蚁穴后，用木桩或竹竿对准蚁穴部，打三四个深60厘米的孔洞，再往每个孔洞里灌注100 ~ 150毫升的煤油，然后用土填平，以杀死其中的蚂蚁。此外，也可用火焚烧蚁穴。

④药物毒杀。在蚁类活动的地方可用DDT、氯丹施用于土壤上，杀死蚂蚁；也可采用硼砂、白糖、蜂蜜的混合水溶液做毒饵，达到较好的诱杀效果。但在我国南方某些地区如海口等地，就有一类小黑蚁很难用药物毒杀，主要是这类蚂蚁不吃毒饵，因此，它们对蜂群的危害非常大。

以上几种方法采用任何一种，足可以防止蚂蚁爬入蜂箱危害蜂群，发生蚁害的蜂场可以采用。要防止蚁害。当然最根本的是选择分蜂性弱且能维持强群的蜂群培育蜂王，只要达到5脾以上，做到蜂脾相称或蜂略多于脾，蚂蚁也就无法上脾危害。所以饲养强群是防止蚂蚁危害的最好方法。

防治小经验 定地饲养中蜂时不可避免地要遭到白蚁或蚂蚁的危害，很容易造成蜂箱被侵蚀。在实践中，有蜂农发现，采用将酒瓶倒埋做蜂箱支架可以很好地预防白蚁或蚂蚁，主要有以下三个好处：一是不会腐烂、不被蚁蛀；二是酒瓶表面光滑，能有效防治蚂蚁上箱危害蜂群；三是节约木材资源，有利于生态环境。

四、蟾蜍

蟾蜍主产于中国、日本、朝鲜、越南等国家，广泛分布于我国南北地区，常见主要品种为中华大蟾蜍、花背蟾蜍和黑眶蟾蜍3种。这些品种个体大，体长10厘米以上，背面多呈黑绿色，布满大小不等的瘰疣，上下颌无齿，趾间有蹼，雄蟾蜍无声囊，内侧三指有黑指垫。在我国山区和稻区，蛙和蟾蜍种类众多，分布也很广，蛙对蜜蜂也有危害，但不如蟾蜍严重。每只蟾蜍一晚上可吃掉10 ~ 100只蜜蜂。

蟾蜍对蜂群危害较大，由于其属于有益动物，可以消灭害虫，在防治上应以预防为主，尽量不要伤害。常见防治方法如下。

① 清除蜂场上的杂草、杂物及其蟾蜍的隐身之处。

② 将蜂箱垫高60厘米，使蟾蜍无法靠近巢门捕捉蜜蜂。

③ 蜂群不多的蜂场，可在蜂箱巢门前开一条长50厘米、宽30厘米、深50厘米的沟。白天用草帘等物将坑口盖上，夜间打开。当蟾蜍前来捕食蜜蜂时，就会掉入坑内，爬不出来。

④ 用细铁丝网将蜂场围起来，使蟾蜍无法靠近蜂箱，或将蜂箱紧密地排成圆圈状，巢门向内，从而使蟾蜍无法捕食到蜜蜂。

第六节 其他常见蜂群异常及防治措施

一、工蜂产卵

工蜂产卵是在失王的条件下，工蜂卵巢得到充分发育而产下的未受精卵。在无王条件下，产卵工蜂的发生率随不同种群发生变化，工蜂产卵在东、西方蜜蜂中都常发生，南非海角蜂在无王后几天，产卵工蜂就开始发育，而其他蜂种相对要较长时间才出现产卵工蜂。

症状及特点 从箱外观察，与正常蜂群比较，工蜂产卵群的工蜂出入稀少，不带花粉，幼蜂很少出箱试飞。出来的工蜂显得干瘦，背部黑亮。开箱检查，箱内工蜂慌乱，暴躁蜇人。大部分工蜂体色黑亮。提起巢脾，分量很轻。贮存的饲料比正常群少得多，花粉更缺少。停止造脾，找不到蜂王，也没有王台。或者只有出房已久的王台基，仔细察看，可以发现有些工蜂把整个腹部伸到巢房中，一些工蜂像侍候蜂王一样守在它们身边，这就是工蜂在产卵。

简易诊断 工蜂产的卵，一般连不成片，没有秩序，有的巢房空着，有的巢房产数粒，东歪西斜，有的甚至产在巢房壁上。如果工蜂产卵已有较长时间，可以看到无论工蜂房或雄蜂房，一律封上了凸起的雄蜂房盖，甚至有小型雄蜂出房。

防治要点 一旦发现工蜂产卵，应及早诱入成熟王台或产卵蜂王加以控制。另一种办法是，在上午把原群移开30 ~ 60厘米，原位另放一蜂箱，内放1框带王蜂的子脾，让失王群的工蜂自行飞回投靠。等到晚上，再将工蜂产卵群的所有巢脾提出，把蜂抖落在原箱内，饿一夜。次日再让它们自动飞回原址投靠，然后加脾调整。工蜂产卵群在新王产卵或产卵蜂王诱入后，产卵工蜂会自然消失。对于不正常的子脾必须进行处理，已封盖的应用刀切除，幼虫可用分蜜机摇离，卵可用糖浆灌泡后让蜂群自行清理。

防治小经验 发现产卵工蜂立即用镊子夹下并杀死，将已产的卵、虫脾提出冻死；从别群抽卵虫脾加入工蜂产卵群，若修造改造王台后留1～2个大的，其余的废掉，新王产卵后该蜂群就可正常发展了。

二、农药中毒

目前使用的农药大部分对蜜蜂敏感，蜜蜂农药中毒成为世界范围内养蜂业的一个严重问题。

农药对蜜蜂的毒性依品种不同而异，根据其毒性的高低可分为三类。高毒类：这一类农药对蜜蜂的毒性很大，（半数致死量CLD_{50}）为0.001～1.99微克/只蜜蜂。这类农药包括久效磷、倍硫磷、乐果、马拉硫磷、二溴磷、地亚农、磷胺、谷硫磷、亚胺硫磷、甲基对硫磷、甲胺磷、乙酰甲胺磷、对硫磷、杀螟松、残杀威、呋喃丹、灭害威等。中毒类：这类农药对蜜蜂的毒性中等，（半数致死量CLD_{50}）为2.00～10.99微克/只蜜蜂。如喷药剂量及喷药时间适当，可以安全使用，但不能直接与蜜蜂接触。这类农药主要包括双硫磷氯灭杀威、滴滴涕、灭蚁灵、内吸磷、甲拌磷、硫丹、三硫磷等。低毒类：这类药剂对蜜蜂毒性较低，可以在蜜蜂活动场所周围施用。这类农药主要包括乙醇杀螨剂、丙烯菊酯、苏云金杆菌、毒虫畏、敌百虫、乙烯利、杀虫脒、烟碱、除虫菊、灭芽松、三氯杀螨砜、毒杀芬等。

中毒症状 蜜蜂农药中毒后的第一迹象就是在蜂箱门口出现大量已死或将要死亡的蜜蜂，这种现象遍及整个蜂场。许多农药不仅能毒死成年蜂，而且还能毒死各个时期的幼虫。大多数的农药常使采集蜂中毒致死，而对蜂群其他个体并无严重影响。有时蜜蜂是在飞回蜂箱后大量死亡，造成蜂群群势严重削弱，极端情况是，农药由采集蜂从外界带回蜂巢，使巢内的幼虫和青年工蜂中毒死亡，甚至全群覆灭。不同农药中毒的典型症状如下.

① 有机磷农药：不能定向行动，精神不振、腹部膨胀、绕圈打转、双腿张开竖起。大部分中毒的蜂死在箱内。

② 氯化氢烃类农药：活动反常、不规则、震颤，像麻痹一样拖着后

腿，翅张开竖起且勾连在一起，但仍能飞出巢外，因此，这类中毒的蜜蜂不仅会死在箱内，也可能死在野外。

③ 氨基甲酸酯类农药：爱寻衅蜇人、行动不规则，接着不能飞翔、昏迷、似冷冻麻木，随即呈麻痹垂死状，最后死亡。大多数蜜蜂死在箱内，蜂王常常停止产卵。

④ 二硝酚类农药：类似氯化氢烃类农药中毒后的症状，但又常常伴随着有机磷中毒症状，从消化道中吐出一些物质，大部分受害的蜂常死在箱内。

⑤ 植物性农药：高毒性的拟除虫菊酯可引起呕吐、不规则的行动，随即不能飞翔、昏迷，以后呈麻痹、垂死状，最后死亡。中毒蜂常常死于野外，这类农药中的其他农药在田间使用标准剂量时，对蜜蜂没有毒害。

中毒特点和简易诊断 蜂场突然出现大量蜜蜂死亡，群势越强，死蜂越多；死蜂多为采集蜂；蜂箱外有蜜蜂在地上翻滚、打转、抽搐、痉挛、爬行，死蜂两翅张开呈“K”形，喙伸出，腹部向内弯曲；开箱检查箱底有死蜂、潮湿，并有“跳子”现象，且镜检不见病原菌，即可断定为农药中毒。此时，应仔细检查蜂场附近是否喷洒过农药，喷洒了什么农药，根据本节中不同农药的中毒症状可进一步确定是否为农药中毒。

防治要点 对于蜜蜂农药中毒，只要高度重视，是可以避免的。为了避免发生农药中毒，养蜂场应与施药单位密切配合，了解各种农药的特性和施用知识，共同研究施药时间，避免或减少对蜜蜂的伤害。具体预防措施如下。

① 禁止施用对蜜蜂有毒害的农药。在蜜蜂活动季节，尤其在蜜粉源植物开花季节，应禁止喷洒对蜜蜂有毒害的农药。若急需用药时应选用高效低毒、药效期短的农药，并尽量采用最低有效剂量。

② 在农药内加入驱避剂。在蜂场附近用药或飞机大面积施药，应在农药内加入适量的驱避剂如石炭酸、硫酸烟碱、煤焦油、萘、苯甲酸等，这些物质本身对蜜蜂无毒，但它们本身的气味会影响蜜蜂对花蜜采集，从而防止蜜蜂采集施过农药的蜜粉源植物。加驱避剂一般能使蜜蜂的农药中毒损失降低50%以上。

③ 施药单位应尽量采取统一行动，一次性用药，并在用药前1星期通知蜂场主。施药单位应尽量集中在一个对蜜蜂较安全的时间内施药（如蜜蜂出巢前或傍晚蜜蜂回巢后）。在采取大面积施药前，应采取各种宣传措施通知附近的蜂场主，让他们有足够的时间在喷洒农药前一天晚上关闭蜂箱巢门，或用麻布、塑料袋等把蜂箱罩住，或将蜜蜂转入未施

农药的新场。

④ 采用抗农药的蜜蜂品种。美国及前苏联都开展过培育抗农药蜜蜂品种的研究；我国及世界许多国家的作物育种家早已进行培育抗病虫害的作物品种的研究，这两方面取得的成果都会减少或避免蜜蜂农药中毒。

防治小经验　对于发生农药中毒的蜂群，如果损失的只是采集蜂，箱内没有带进任何有毒的花粉和花蜜，而且箱内还有充足、无毒的饲料时，就不需要做任何处置；如果蜂子和哺育蜂也中毒，这时就需要及时转场，并需要将蜂群内所有混有毒物的饲料全部清除，并用1：1的稀薄糖浆或甘草水糖浆进行饲喂。此外，还可考虑饲喂一些解毒药物，例如由1605、1059、敌百虫和乐果等有机磷农药引起的中毒蜂群，可采用0.05%～0.1%硫酸阿托品或0.1%～0.2%解磷定溶液进行喷脾解毒。

三、甘露蜜中毒

蜜蜂甘露蜜中毒是我国养蜂生产上一种常见的非传染病，以每年的早春和晚秋发生较严重，尤其是干旱歉收年份，发生范围大、死亡率高，若防治不及时，容易给蜂场造成重大损失。在每年的夏秋之交，当外界蜜源中断且气候干旱少雨时，蜜蜂甘露蜜中毒也时有发生。

中毒症状　发生甘露蜜中毒的大多是采集蜂，通常是强群比弱群中毒死亡更严重。中毒严重时，蜂王和幼虫都会死亡，中毒的蜜蜂腹部膨大，失去飞翔能力，病蜂大多死在箱外。

中毒简易诊断　如果外界蜜源缺乏时，蜜蜂仍采集活跃，而采集蜂出现死亡现象，蜂场周围有可能存在甘露蜜。此时打开蜂箱检查未封盖的蜜脾时，若蜜汁浓稠，呈暗绿色，无天然蜂蜜的芳香味，且巢脾内有结晶蜜，即可初步判断是甘露蜜中毒。

取怀疑为甘露蜜中毒的死蜂。观察甘露蜜中毒的死蜂，腹部膨大。用镊子拉出死蜂消化道观察，蜜囊成球形，中肠萎缩，成灰白色，有黑色絮状沉淀，后肠呈蓝色或黑色，肠内充满暗褐色或黑色的粪便。可判断蜜蜂因采食不易消化的物质，下痢而死。结合症状检测结果，可判断蜂群为甘露蜜中毒引起的死亡。

中毒特点及规律　甘露蜜包括蜜露和甘露两种。甘露是由蚜虫、蚧壳虫等昆虫采食作物或树木的汁液后，分泌出的一种淡黄色无芳香味的胶状甜液，这些昆虫常寄生在松树、柏树、柳树、杨树、榛树、椴树、刺槐、沙枣等乔灌木以及高粱、玉米等农作物上，尤其是干旱年份，这些昆虫大量发生，排出大量甜汁（甘露）吸引蜜蜂采集。蜜露是由于植

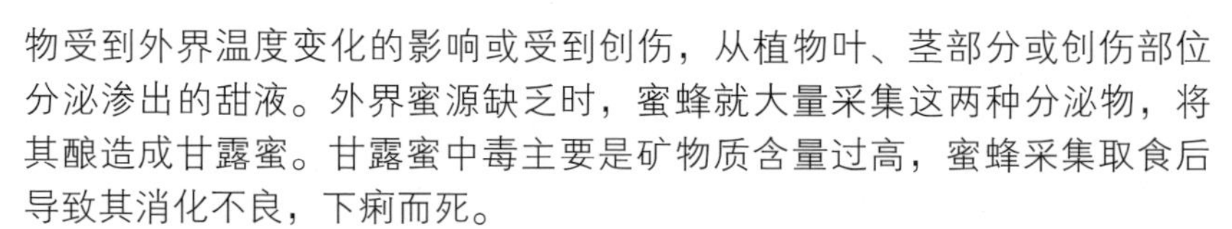

物受到外界温度变化的影响或受到创伤，从植物叶、茎部分或创伤部位分泌渗出的甜液。外界蜜源缺乏时，蜜蜂就大量采集这两种分泌物，将其酿造成甘露蜜。甘露蜜中毒主要是矿物质含量过高，蜜蜂采集取食后导致其消化不良，下痢而死。

防治要点

① 选择放蜂场地时，远离能够产生甘露蜜植物（松树、柏树等）较多的地方。

② 在早春或晚秋蜜源中断季节，为蜂群留足饲料，并对缺蜜的蜂群进行奖励饲喂，不要让蜂群长期处于饥饿状态。

③ 对已采集甘露蜜的蜂群，在喂越冬饲料前将蜜脾换掉，补喂新鲜的糖浆或蜂蜜，千万不要留甘露蜜做越冬饲料，以防越冬蜂群甘露蜜中毒造成严重损失。

④ 若发现甘露蜜中毒，蜂群最好转地，并进行药物治疗。一般以助消化的药物为主。

⑤ 因甘露蜜中毒诱发其他传染性病害（孢子虫病、下痢病等）的蜂群，应根据不同的病害采取相应的防治措施。

四、花蜜中毒

养蜂生产实践中常见主要是枣花蜜中毒和茶花蜜中毒。枣花蜜中毒原因主要是枣花蜜中所含生物碱类物质引起，引起蜜蜂茶花蜜中毒的主要原因是蜜蜂不能消化利用茶花蜜中的低聚糖成分，从而引起生理障碍。

蜜蜂也能采集有毒蜜源，并且具有将毒蜂蜜集中贮存的行为（图9-24），毒蜂蜜一般呈黑蓝色、略带乌色，具有刺激味（即植物茎、叶的鲜味）、口感稍麻。

中毒症状及诊断 蜜蜂枣花蜜中毒又称枣花病。发生在枣树开花流蜜期，大批采集蜂死亡。中毒蜜蜂身体发抖，肢体失去平衡，失去飞翔能力，两翅平伸或竖起，向前爬行跳跃，四肢抽搐，对外界刺激反应迟钝，腹部勾曲。在蜂场坑凹处可见较大数量的死蜂，大部分死蜂腹部空虚；死蜂双翅张开，腹部向内弯缩，吻伸出，呈现典型的中毒症状。茶花蜜中毒的主要症状是烂子。

防治要点

① 枣花蜜中毒的防治　在枣花期前，要选择蜜粉源较充足的场地放蜂，贮备其他蜜源的花粉，可减轻蜜蜂中毒程度；在枣花大流蜜期到来时，注意补充饲喂（1 ∶ 1的糖浆中加入0.1%的柠檬酸或5%的醋酸），

图 9-24　集中贮存的有毒蜂蜜

可减轻蜜蜂中毒程度。也可用生姜水、甘草水灌脾，可起到预防和减轻中毒的作用。

② 茶花中毒的防治　茶花中毒的防治应注重饲养管理，结合药物防治。每天傍晚在蜂群的子脾区域用含少量糖浆的解毒药物（0.1%的多酶片、1%乙醇以及0.1%大黄苏打）喷洒或浇灌，隔天饲喂1∶1的糖浆或蜜水，并适时补充花粉；采蜜区要注意适时取蜜，在茶花流蜜盛期，一般3～4天取蜜1次，若蜂群群势较强，可生产王浆或采用处女王取蜜，每隔3～4天用解毒药物糖浆喷喂1次。

防治小经验　枣花流蜜期，经常在蜂箱四周及箱底洒些冷水，以保持地面潮湿，为蜂群架设凉棚遮荫，防止烈日直晒，可以一定程度上减轻中毒症状。

五、其他植物的花中毒

在我国，还有一些常见的植物花蜜能使蜜蜂中毒，如大戟属植物的花蜜等。另外，一些有毒蜜粉源植物也会引起蜜蜂中毒，如山海棠（图9-25）、雷公藤（图9-26）、草乌花（图9-27）、南烛（图9-28）和小草乌（图9-29）等。

图 9-25　山海棠

图 9-26　雷公藤

图 9-27　草乌花